建筑与装饰工程
计量与计价

JIANZHU YU ZHUANGSHI GONGCHENG
JILIANG YU JIJIA

主　编　钟　秋　王二辉
副主编　师兵兵　付盛忠
参　编　贺桂灵　王芷淳　陈　慧　万　杨

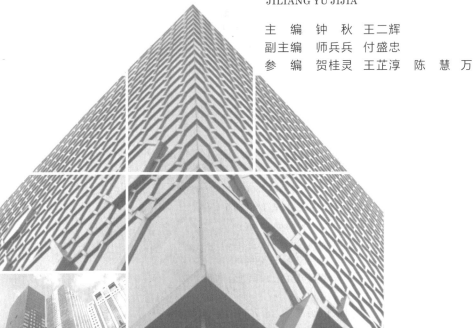

重庆大学出版社

内容提要

本书根据高等职业教育土建类专业人才培养目标的需要,依据现行的法规和规范进行编写。全书包括建筑与装饰工程计价基础,建筑面积概述及计算,房屋建筑工程计量,装饰工程计量,措施项目,房屋建筑与装饰工程计价,施工阶段的变更、索赔与竣工结算 7 章内容,并在书后附有物流园土建工程计量与计价实例。

本书可作为高职高专院校工程造价、建筑工程技术、建筑工程管理等专业的教材,也可作为建筑工程技术及建筑工程管理领域从业人员的参考书。

图书在版编目(CIP)数据

建筑与装饰工程计量与计价/钟秋,王二辉主编
. -- 重庆:重庆大学出版社,2020.7(2022.7 重印)
ISBN 978-7-5689-2013-1

Ⅰ.①建… Ⅱ.①钟… ②王… Ⅲ.①建筑工程—计量 ②建筑造价 Ⅳ.①TU723.32

中国版本图书馆 CIP 数据核字(2020)第 081515 号

建筑与装饰工程计量与计价

主 编 钟 秋 王二辉
副主编 师兵兵 付盛忠
特约编辑:桂晓澜
责任编辑:范春青 版式设计:范春青
责任校对:谢 芳 责任印制:赵 晟

*

重庆大学出版社出版发行
出版人:饶帮华
社址:重庆市沙坪坝区大学城西路 21 号
邮编:401331
电话:(023)88617190 88617185(中小学)
传真:(023)88617186 88617166
网址:http://www.cqup.com.cn
邮箱:fxk@ cqup.com.cn(营销中心)
全国新华书店经销
中雅(重庆)彩色印刷有限公司印刷

*

开本:787mm×1092mm 1/16 印张:15 字数:376 千
2020 年 7 月第 1 版 2022 年 7 月第 2 次印刷
印数:2 001—4 000
ISBN 978-7-5689-2013-1 定价:42.00 元

前　言

本书以实际建筑工程项目为依托,针对企业中工程造价岗位的能力要求编写;按照工作任务流程设计教学章节,尤其注重建设项目的招投标阶段、施工阶段和竣工阶段造价岗位能力的培养,切实提高学生在专业知识、操作技能等方面的能力。

本书具有如下特点:

一是深入浅出。按照高等职业教育土建类专业教学标准和培养方案的要求编写教材内容,但编写时按照岗位流程有规律地逐步讲解,厘清概念,把握主线,条理清晰。

二是理实结合、通俗实用。注重理论与实践相结合,以"讲清概念、强化应用"为主旨,多以图片、例题、案例的形式突出实践环节,旨在提高学生的动手能力和较快胜任工程造价专业相关岗位工作的能力,适合初学者及自学者使用。书中各章都由学习目标、学习建议、本章内容、本章小结、课后习题组成,让学生在学习时有方向、有方法、有系统,并在学习后能得到检验。

三是内容翔实。在有限的篇幅内,本书不仅介绍了建筑工程计价基础知识、房屋建筑与装饰工程的计量和计价,还介绍了在施工及竣工阶段工程造价相关岗位的知识及技能要求。

四是注重规范性、政策性。房屋建筑与装饰工程计量及计价方法均按《房屋建筑与装饰工程工程量计算规范》(GB 50854—2013)和《建设工程工程量清单计价规范》(GB 50500—2013)编写,同时参照了《贵州省建筑与装饰工程计价定额》(GZ 01-31—2016)(该定额与国家现行规范在计算方法和规定中的不同之处,编者在相关章节中总结指出,以方便学习者进行对比)。另外,为响应国家营业税改为增值税的要求,本书在计税时统一计取增值税计算工程造价。

本书由贵州建设职业技术学院钟秋、王二辉担任主编,贵州大学明德学院师兵兵、贵州城市职业学院付盛忠担任副主编。具体编写分工如下:第1章、第2章由贵州建设职业技术学院贺桂灵编写,第3章3.1—3.5节由贵州建设职业技术学院王芷淳编写,3.6—3.8节由贵州航天职业技术学院陈慧编写,第 4 章由贵州大学明德学院师兵兵编写,第 5 章由黔西南民族职业技术学院万杨编写,第 6 章由贵州建设职业技术学院钟秋编写,第 7 章由贵州建设职业技术学院王二辉编写,附录中的实例由贵州城市职业学院付盛忠编写。全书由钟秋统稿。

在本书编写过程中,编者查阅了大量的参考文献,对相关的专家、编者致以深深的敬意;同时,部分高等院校的老师也提出了很多宝贵意见,在此表示衷心的感谢!

本书虽经多次推敲核证,但难免有疏漏和不妥之处,恳请同行和广大读者指正,多提宝贵意见。

编　者

2020 年 3 月

目　录

第 1 章
建筑与装饰工程计价基础

学习目标

　　了解建筑工程的基本建设程序、工程造价的概念及特点,熟悉建设项目的划分以及各阶段的造价文件,重点掌握建筑工程造价的构成以及建筑工程的计价模式。

学习建议

　　先熟悉工程造价的定义,了解其具体构成,再结合相关的计算公式掌握计价的形成,同时结合一些实际例题进行计算。

1.1　基本建设程序及工程造价概述

1.1.1　基本建设程序的定义及步骤

1)基本建设程序的定义

　　建设程序是对基本建设项目从酝酿、规划到建成投产所经历的整个过程中的各项工作的先后顺序的规定。它反映工程建设各个阶段之间的内在联系,是从事建设工作的各有关部门和人员都必须遵守的原则。基本建设程序是建设项目从筹划建设到建成投产必须遵循的工作环节及其先后顺序。

2)基本建设程序的步骤

　　按照基本建设的技术经济特点及其规律,规定基本建设程序主要包括八项步骤。步骤的顺序不能任意颠倒,但可以合理交叉。

　　这些步骤的先后顺序是:

　　①编制项目建议书。对建设项目的必要性和可行性进行初步研究,提出拟建项目的轮

廊设想。

②开展可行性研究和编制设计任务书。具体论证和评价项目在技术和经济上是否可行,并对不同方案进行分析比较;可行性研究报告作为设计任务书(也称计划任务书)的附件。设计任务书对是否上这个项目,采取什么方案,选择什么建设地点,作出决策。

③进行设计。从技术和经济上对拟建工程作出详尽规划。大中型项目一般采用两段设计,即初步设计与施工图设计。技术复杂的项目,可增加技术设计,按三个阶段进行。

④安排计划。可行性研究和初步设计,送请有条件的工程咨询机构评估,经认可后报计划部门,经过综合平衡,列入年度基本建设计划。

⑤进行建设准备。建设准备包括征地拆迁,搞好"三通一平"(通水、通电、通道路、平整土地),落实施工力量,组织物资订货和供应,以及其他各项准备工作。

⑥组织施工。准备工作就绪后提出开工报告,经过批准即可开工兴建;应遵循施工程序,按照设计要求和施工技术验收规范,进行施工安装。

⑦生产准备。生产性建设项目开始施工后,及时组织专门力量,有计划、有步骤地开展生产准备工作。

⑧验收投产。按照规定的标准和程序,对竣工工程进行验收,编制竣工验收报告和竣工决算,并办理固定资产交付生产使用的手续。小型建设项目的建设程序可以简化。

⑨项目后评价。项目完工后对整个项目的造价、工期、质量、安全、环保等指标进行分析评价或与类似项目进行对比评价。

1.1.2　工程造价的概念及特点

1)工程造价的概念

工程造价通常是指工程项目在建设期(预计或实际)支出的建设费用。由于所处的角度不同,工程造价有不同的含义。

①从投资者(业主)角度分析,工程造价是指建设一项工程预期开支或实际开支的全部固定资产投资费用。投资者为了获得投资项目的预期效益,需要对项目进行策划决策、建设实施(设计和施工)直至竣工验收等一系列活动。在上述活动中所花费的全部费用,即构成工程造价。从这个意义上讲,工程造价就是建设工程固定资产总投资。

②从市场交易角度分析,工程造价是指在工程发承包交易活动中形成的建筑安装工程费用或建设工程总费用。显然,工程造价的这种含义是指以建设工程这种特定的商品形式作为交易对象,通过招标投标或其他交易方式,在多次预估的基础上,最终由市场形成的价格。这里的工程既可以是整个建设工程项目,也可以是其中一个或几个单项工程或单位工程,还可以是其中一个或几个分部工程,如建筑安装工程、装饰装修工程等。随着经济发展、技术进步、分工细化和市场的不断完善,工程建设的中间产品也会越来越多,商品交换会更加频繁,工程价格的种类和形式也会更为丰富。

工程发承包价格是一种重要且较为典型的工程造价形式,是在建筑市场通过发承包交易(多数为招标投标),由需求主体(投资者或建设单位)和供给主体(承包商)共同认可的价格。

上述工程造价的两种含义是从不同角度对同一事物本质的表述。对业主来讲,工程造价就是"购买"工程项目时付出的费用;对承包商来讲,工程造价是承包商通过市场提供给需求主体(业主),出售建筑商品和劳务价格的总和,即建筑安装工程造价。

2)工程造价的基本特点

由于建设工程项目和建设过程的特殊性,工程造价具有以下特点:

(1)个体性和差异性

每项建设工程项目都有特定的规模、功能和用途,因此,对每项建设工程项目的立面造型、主体结构、内外装饰、工艺设备和建筑材料都有具体的要求,这就使得建设工程项目的实物形态千差万别,又由于不同地区投资费用构成中各种价格要素的差异,从而导致了工程造价的个体性和差异性。

(2)高额性

建设工程项目不仅实物体形庞大,而且工程造价费用高昂,动辄数百万元或数千万元人民币,特大建设工程项目的工程造价可达数十亿元或数百亿元人民币。工程造价的高额性,决定了工程造价的特殊性质,它不仅关系各方面的经济利益,而且对宏观经济也会产生重大影响,这也体现了工程造价管理的重要性。

(3)层次性

一个建设工程一般由建设项目、单项工程、单位工程、分部工程、分项工程等层次构成。如某个建设工程项目(某工厂)是由若干个单项工程(主厂房、仓库、办公楼、宿舍楼等)构成,一个单项工程又由若干个单位工程(土建工程、管道安装工程、电气安装工程等)组成。工程造价主要有三个层次,即建设工程项目总造价、单项工程造价和单位工程造价。

(4)多变性

在社会主义市场经济条件下,任何商品价格都不是一成不变的,其价格总是处于不断变化的动态过程中。一个建设项目从投资决策到竣工交付使用都有一个较长的建设周期,在这期间存在着许多影响工程造价的因素,如人工工资标准、材料设备价格、各项取费费率、利率等都会发生变化,这些多变因素直接影响工程造价的变动。因此,在工程竣工结(决)算时应充分考虑这些多变因素的影响,以便正确计算和确定实际的工程造价。

1.1.3　建设项目的划分

1)建设项目

建设项目是指具有完整的计划任务书和总体设计,并能进行施工,行政上有独立的组织形式,经济上实行统一核算的建设工程。一个建设项目可由几个单项工程或一个单项工程组成。建设项目按其用途的不同可分为生产性建设项目和非生产性建设项目。生产性建设项目一般是以一个企业或一个联合企业为建设项目;非生产性建设项目一般是以一个事业单位为建设项目,如一所学校;另外也有经营性质的建设项目,如宾馆、饭店等。

2)单项工程

单项工程是指具有独立的设计文件,竣工后可以独立发挥生产能力或使用价值的工程。

单项工程是建设项目的组成部分,它由若干个单位工程组成,如一个工厂的生产车间、仓库,一所学校的教学楼、图书馆等。

3) 单位工程

单位工程是指具有独立的设计文件,能单独施工,并可以单独作为经济核算对象的工程,但是竣工后不能独立发挥生产功能。单位工程是单项工程的组成部分。如一个生产车间的土建工程、电气照明工程、给排水工程、机械设备安装工程、电气设备安装工程等,都是生产车间这个单项工程的组成部分;又如住宅工程中的土建工程、给排水工程、电气照明工程等都分别称为一个单位工程。

4) 分部工程

分部工程是指根据建筑工程的主要部位或工种的不同,以及安装工程的种类不同所划分的工程。分部工程是单位工程的组成部分,如一个单位工程中的土建工程可以分为土石方工程、砖石工程、脚手架工程、钢筋混凝土工程、楼地面工程、屋面工程及装饰工程等,而其中的每一个部分就是分部工程。

建筑工程包括地基与基础、主体结构、装饰装修、屋面、给排水及采暖、通风与空调、建筑电气、智能建筑、建筑节能、电梯等。

5) 分项工程

分项工程是指按照不同的施工方法、建筑材料、不同规格的设备等,将分部工程作进一步细分的工程。分项工程是建筑工程的基本构造要素,是分部工程的组成部分。例如,土方开挖、土方回填、钢筋、模板、混凝土、砖砌体、木门窗制作与安装、钢结构基础等工程均属于分项工程。

1.1.4 项目建设各阶段的造价文件

投资控制是工程项目管理的重点和难点,在工程项目的不同阶段,项目投资有估算、概算、预算、结算和决算等不同称呼,这些"算"的依据和作用不同,其准确性也"渐进明细",一个比一个更真实地反映项目的实际投资。

1) 投资估算

投资估算也称为估算,发生在项目建议书和可行性研究阶段。估算的依据是项目规划方案(方案设计),对工程项目可能发生的工程费用(含建安工程、室外工程、设备和安装工程等)、工程建设其他费用、预备费用和建设期利息(如果有贷款)进行计算,用于计算项目投资规模和融资方案选择,供项目投资决策部分参考。估算时要注意准确而全面地计算工程建设其他费用,这部分费用地区性和政策性较强。

2) 设计概算

设计概算也称为概算,发生在初步设计或扩大初步设计阶段。概算需要具备初步设计或扩大初步设计图纸,对项目建设费用计算确定工程造价。编制概算要注意不能漏项、缺项或重复计算,标准要符合定额或规范。

3) 施工图预算

施工图预算也称为预算,发生在施工图设计阶段。预算需要具备施工图纸,汇总项目的人、材、机的预算,确定建安工程造价。编制预算的关键是计算工程量、准确套用预算定额和取费标准。

4)竣工结算

竣工结算也称为结算,发生在工程竣工验收阶段。结算一般由工程承包商(施工单位)提交,根据项目施工过程中的变更洽商情况,调整施工图预算,确定工程项目最终结算价格。结算的依据是施工承包合同和变更洽商记录(注意各方签字),准确计算暂估价和实际发生额的偏差,对照有关定额标准,计算施工图预算中漏项和缺项部分的应得工程费用。

5)竣工决算

竣工决算也称为决算,发生在项目竣工验收后。决算一般由项目法人单位编制或由其委托编制,汇总计算项目全过程实际发生的总费用。决算在编制竣工决算总表和资产清单时,要注意全面、真实地反映项目实际造价结算和客观地评价项目实际投资效果。

1.2　建筑工程造价构成

建设项目总投资包括固定资产投资(工程造价)和流动资产投资两个组成部分。广义的工程造价由建设投资和建设期利息构成,狭义的工程造价是指建筑安装工程费。建设投资包括工程费用、工程建设其他费用、预备费。工程费用包括建筑安装工程费、设备及工具器具购置费用;工程建设其他费用包括建设用地费、与项目建设有关的其他费用、与未来生产经营有关的其他费用;预备费包括基本预备费和价差预备费。非生产性建设项目总投资只包括固定资产投资,不含流动资产投资。建设项目总造价是指项目总投资中的固定资产投资总额,如图1.1所示。

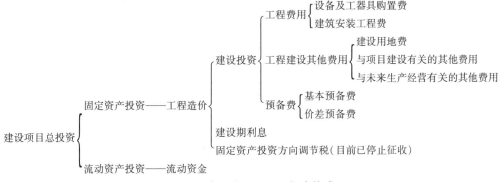

图1.1　我国建设项目总投资构成

1.2.1　设备及工器具购置费用的构成

设备及工器具购置费用是由设备购置费和工具、器具及生产家具购置费组成的,它是固定资产投资中的积极部分。在生产性工程建设中,设备及工器具购置费用占工程造价比重的增大,意味着生产技术的进步和资本有机构成的提高。

1)设备购置费的构成

设备购置费是指购置或自制的达到固定资产标准的设备所需的费用。它由设备原价和设备运杂费构成。

$$设备购置费 = 设备原价 + 设备运杂费$$

式中,设备原价是指国内采购设备的出厂(场)价格,或国外采购设备的抵岸价格,设备原价通常包含备品备件费在内;设备运杂费是指除设备原价之外的关于设备采购、运输、途中包装及仓库保管等方面支出费用的总和。

(1)设备原价的构成

设备包括国产设备和进口设备,因此,设备原价也相应有国产设备原价和进口设备原价。

①国产设备原价一般是指设备制造厂的交货价或订货合同价,即出厂(场)价格。它一般根据生产厂或供应商的询价、报价、合同价确定,或采用一定的方法计算确定。国产设备原价分为国产标准设备原价和国产非标准设备原价。

国产标准设备原价是指按照主管部门颁布的标准图纸和技术要求,由国内设备生产厂批量生产的,符合国家质量检测标准的设备。国产标准设备一般有完善的设备交易市场,因此可通过查询相关交易市场价格或向设备生产厂家询价得到国产标准设备原价。

国产非标准设备是指国家尚无定型标准,各设备生产厂不可能在工艺过程中采用批量生产,只能按订货要求并根据具体的设计图纸制造的设备。非标准设备由于单件生产、无定型标准,所以无法获取市场交易价格,只能按其成本构成或相关技术参数估算其价格。非标准设备原价有多种不同的计算方法,但常用的是成本计算估价法。下面就以成本计算估价法为例,介绍非标准设备原价的构成。

a.材料费,计算公式为:

$$材料费 = 材料净重 \times (1 + 加工损耗系数) \times 每吨材料综合价$$

b.加工费,包括生产工人工资和工资附加费、燃料动力费、设备折旧费、车间经费等。其计算公式为:

$$加工费 = 设备总质量(吨) \times 设备每吨加工费$$

c.辅助材料费,包括焊条、焊丝、氧气、氮气、油漆、电石等。其计算公式为:

$$辅助材料费 = 设备总质量 \times 辅助材料费指标$$

d.专用工具费,计算公式为:

$$专用工具费 = (材料费 + 加工费 + 辅助材料费) \times 专用工具费率$$

e.废品损失费,计算公式为:

$$废品损失费 = (材料费 + 加工费 + 辅助材料费) \times (1 + 专用工具费率) \times 废品损失费率$$

f.外购配套件费,计取包装费,但不计取利润。

g.包装费,计算公式为:

$$包装费 = [(材料费 + 加工费 + 辅助材料费) \times (1 + 专用工具费率) \times (1 + 废品损失费率) + 外购配套件费] \times 包装费率$$

h.利润,计算公式为:

$$利润 = \{[(材料费 + 加工费 + 辅助材料费) \times (1 + 专用工具费率) \times (1 + 废品损失$$

费率）＋外购配套件费］×（1＋包装费率）－外购配套件费}×利润率

i.税金,主要指增值税。其计算公式为:

$$增值税 ＝ 当期销项税额 － 进项税额$$

$$当期销项税额 ＝ 销售额 × 适用增值税率$$

销售额 ＝{［（材料费 ＋ 加工费 ＋ 辅助材料费）×（1 ＋ 专用工具费率）×（1 ＋ 废品
损失费率）＋外购配套件费］×（1 ＋ 包装费率）－外购配套件费}×（1 ＋ 利
润率）＋外购配套件费

j.非标准设备设计费,按国家规定的设计费收费标准计算。

综上所述,单台非标准设备原价的计算公式为:

单台非标准设备原价 ＝{［（材料费 ＋ 加工费 ＋ 辅助材料费）×（1 ＋ 专用工具
费率）×（1 ＋ 废品损失费率）＋外购配套件费］×（1 ＋ 包装
费率）－外购配套件费}×（1 ＋ 利润率）＋外购配套件费 ＋
销项税额 ＋ 非标准设备设计费

【例1.1】某工厂采购一台国产非标准设备,制造厂生产该台设备所用材料费30万元,加工费5万元,辅助材料费6 000元。专用工具费率1.6%,废品损失费率12%,外购配套件费6万元,包装费率1%,利润率为8%,增值税率为18%,非标准设备设计费1万元,求该国产非标准设备的原价。

【解】专用工具费 ＝（30 ＋5 ＋0.6）×1.6% ＝0.569 6（万元）

废品损失费 ＝（30 ＋5 ＋0.6 ＋0.569 6）×12% ＝4.340（万元）

包装费 ＝（30 ＋5 ＋0.6 ＋0.569 6 ＋4.340 ＋6）×1% ＝0.465（万元）

利润 ＝（30 ＋5 ＋0.6 ＋0.569 6 ＋4.340 ＋0.465）×8% ＝3.278（万元）

销项税额 ＝（30 ＋5 ＋0.6 ＋0.569 6 ＋4.340 ＋6 ＋0.465 ＋3.278）×18% ＝9.045（万元）

该国产非标准设备的原价 ＝30 ＋5 ＋0.6 ＋0.569 6 ＋4.340 ＋0.465 ＋3.278 ＋9.045 ＋6 ＋1

　　　　　　＝60.298（万元）

②进口设备原价是指进口设备的抵岸价。抵岸价通常是由进口设备到岸价和进口从属费构成。

进口设备的到岸价,即设备抵达买方边境、港口或车站,交纳完各种手续费、税费后形成的价格。在国际贸易中,交易双方所使用的交货类别不同,则交易价格的构成内容也有所差异。进口设备从属费用,是指进口设备在办理进口手续过程中发生的应计入设备原价的银行财务费、外贸手续费、进口关税、消费税、进口环节增值税及进口车辆的车辆购置税等。

在国际贸易中,较为广泛使用的交易价格术语有 FOB、CFR 和 CIF。

FOB(free on board),意为在装运港船上交货,也称为离岸价格。FOB 术语是指当货物在装运港被装上指定船时,卖方即完成交货义务。风险转移,以在指定的装运港货物被装上指定船时为分界点。费用划分与风险转移的分界点相一致。

CFR(cost and freight),意为成本加运费,或称为运费在内价。CFR 是指货物在装运港被装上指定船时,卖方即完成交货,卖方必须支付将货物运至指定的目的港所需的运费和费用,但交货后货物灭失或损坏的风险,以及各种事件造成的任何额外费用,即由卖方转移到买方。与 FOB 价格相比,CFR 的费用划分与风险转移的分界点是不一致的。

CIF(cost insurance and freight),意为成本加保险费、运费,习惯称到岸价格。在 CIF 术语中,卖方除负有与 CFR 相同的义务外,还应办理货物在运输途中最低险别的海运保险,并应支付保险费。如买方需要更高的保险险别,则需要与卖方明确地达成协议,或者自行做出额外的保险安排。除保险这项义务之外,买方的义务与 CFR 相同。

CIF 计算公式为:

$$进口设备到岸价(CIF) = 离岸价格(FOB) + 国际运费 + 运输保险费$$
$$= 运费在内价(CFR) + 运输保险费$$

国际运费,计算公式为:

$$国际运费 = 原币货价(FOB) \times 运费率$$
$$= 单位运价 \times 运量$$

运输保险费,计算公式为:

$$运输保险费 = [(原币货价 + 国际运费)/(1 - 保险费率)] \times 保险费率$$

其中,保险费率按保险公司规定的进口货物保险费率计算。

③进口从属费包含"二费四税"。"二费"是指银行财务费和外贸手续费,"四税"是指关税、消费税、进口环节增值税、车辆购置税。

银行财务费,一般是指在国际贸易结算中,中国银行为进出口商提供金额结算服务所收取的费用。其计算公式为:

$$银行服务费 = 离岸价格(FOB) \times 人民币外汇汇率 \times 银行财务费率$$

外贸手续费,是指按对外经济贸易部门规定的外贸手续费率计取的费用,外贸手续费率一般取 1.5%。其计算公式为:

$$外贸手续费 = 到岸价格(CIF) \times 人民币外汇汇率 \times 外贸手续费率$$

关税,是由海关对进出国境或关境的货物和物品征收的一种税。其计算公式为:

$$关税 = 到岸价格(CIF) \times 人民币外汇汇率 \times 进口关税税率$$

消费税,仅对部分进口设备(如轿车、摩托车等)征收。其计算公式为:

$$消费税 = [(到岸价格) \times 人民币外汇汇率 + 关税)/(1 - 消费税税率)] \times 消费税税率$$

进口环节增值税,是对从事进口贸易的单位和个人,在进口商品报关进口后征收的税种。其计算公式为:

$$进口环节增值税额 = 组成计税价格 \times 增值税税率$$
$$组成计税价格 = 关税完税价格(到岸价格) + 关税 + 消费税$$

车辆购置税,进口车辆需缴进口车辆购置税。其计算公式为:

$$进口车辆购置税 = (关税完税价格 + 关税 + 消费税) \times 车辆购置税率$$

【例 1.2】从某国进口应纳消费税的设备,质量为 1 200 t,装运港船上交货价为 300 万美元,工程建设项目位于国内某省会城市。如果国际运费标准为 320 美元/t,海上运输保险费率为 2‰,银行财务费率为 4‰,外贸手续费率为 1.2%,关税税率为 20%,增值税率为 17%,消费税率为 11%,银行外汇牌价为 1 美元 = 6.5 元人民币,对该设备的原价进行估算。

【解】进口设备 FOB $= 300 \times 6.5 = 1\,950$(万元)

国际运费 $= 1\,200 \times 320 \times 6.5 = 249.6$(万元)

海运保险费 $= [(1\,950 + 249.6)/(1 - 0.2\%)] \times 0.2\% = 4.408$(万元)

CIF $= 1\,950 + 249.6 + 4.408 = 2\,204.008$(万元)

银行财务费 $= 1\,950 \times 4‰ = 7.8$(万元)

外贸手续费 $= 2\,204.008 \times 1.2\% = 26.448$(万元)

关税 $= 2\,204.008 \times 20\% = 440.802$(万元)

消费税 $= [(2\,204.008 + 440.802)/(1 - 11\%)] \times 11\% = 326.887$(万元)

增值税 $= (2\,204.008 + 440.802 + 326.887) \times 17\% = 505.188$(万元)

进口从属费 $= 7.8 + 26.448 + 440.802 + 326.887 + 505.188 = 1\,307.125$(万元)

进口设备原价 $= 2\,204.008 + 1\,307.125 = 3\,511.133$(万元)

(2)设备运杂费的构成与计算

设备运杂费是指国内采购设备自来源地、国外采购设备自到岸港运至工地仓库或指定堆放地点发生的采购、运输、运输保险、保管、装卸等费用。设备运杂费通常由下列4项构成。

①运费和装卸费:国产设备由设备制造厂交货地点起至工地仓库(或施工组织设计指定的需要安装设备的堆放地点)止所发生的运费和装卸费;进口设备由我国到岸港口或边境车站起至工地仓库(或施工组织设计指定的需安装设备的堆放地点)止所发生的运费和装卸费。

②包装费:在设备原价中没有包含的,为运输而进行的包装支出的各种费用。

③设备供销部门的手续费:按有关部门规定的统一费率计算。

④采购与仓库保管费:采购、验收、保管和收发设备所发生的各种费用,包括设备采购人员、保管人员和管理人员的工资、工资附加费、办公费、差旅交通费,设备供应部门办公和仓库所占固定资产使用费、工具用具使用费、劳动保护费、检验试验费等。这些费用可按主管部门规定的采购与保管费费率计算。

设备运杂费的计算公式为:

$$设备运杂费 = 设备原价 \times 设备运杂费费率$$

式中,设备运杂费率按各部门及省、市有关规定计取。

2)工器具及生产家具购置费的构成

工器具及生产家具购置费,是指新建或扩建项目初步设计规定的,保证初期正常生产必须购置的没有达到固定资产标准的设备、仪器、工卡模具、器具、生产家具和备品备件等的购置费。该项费用一般以设备购置费为计算基数,按照部门或行业规定的工器具及生产家具费率计算。其计算公式为:

$$工器具及生产家具购置费 = 设备购置费 \times 定额费率$$

1.2.2　建筑安装工程费用构成

我国现行建筑安装工程费用项目按两种不同的方式划分,即按费用构成要素划分和按造价形成划分,其具体构成如图1.2所示。

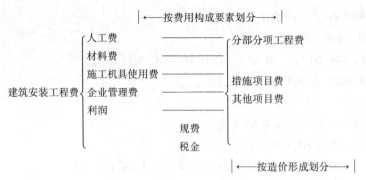

图1.2　建筑安装工程费用项目构成

1）按费用构成要素划分

按费用构成要素划分，建筑安装工程费包括人工费、材料费、施工机具使用费、企业管理费、利润、规费和税金。

（1）人工费

人工费，是指支付给直接从事建筑安装工程施工作业的生产工人的各项费用。计算人工费的基本要素有两个，即人工工日消耗量和人工日工资单价。

人工费的计算公式为：

$$人工费 = \sum（工日消耗量 \times 日工资单价）$$

（2）材料费

材料费，是指工程施工过程中耗费的各种原材料、半成品、构配件、工程设备等的费用，以及周转材料等的摊销、租赁费用。计算材料费的基本要素有两个，即材料消耗量和材料单价。

材料消耗量是由完成规定计量单位的建筑安装产品所消耗的各类材料的净用量和不可避免的损耗量。

材料单价由材料原价、运杂费、运输损耗费、采购及保管费组成。

材料费的计算公式为：

$$材料费 = \sum（材料消耗量 \times 材料单价）$$

①材料消耗量。确定材料消耗量的基本方法有现场技术测定法、实验室试验法、现场统计法和理论计算法。下面就理论计算法进行详细的介绍，理论计算法就是用理论计算公式计算出产品的材料净用量的方法。

a.标准砖墙材料用量计算。每立方米砖墙的用砖数和砌筑砂浆的用量可用下列理论计算公式计算各自的净用量。

用砖数：

$$A = \frac{1}{墙厚 \times（砖长 + 灰缝）\times（砖厚 + 灰缝）} \times k$$

式中　k——墙厚的砖数×2。

砂浆用量：

$$B = 1 - 砖数 \times 每块砖体积$$

材料的损耗一般以损耗率表示。材料损耗率及材料损耗量的计算通常采用以下公式：

$$损耗率 = \frac{损耗量}{净用量} \times 100\%$$

$$消耗量 = 净用量 + 损耗量 = 净用量 \times (1 + 损耗率)$$

【例 1.3】计算 1 m^3 标准砖一砖外墙砌体砖数和砂浆的净用量。

【解】

$$砖净用量 = \frac{1}{0.24 \times (0.24 + 0.01) \times (0.053 + 0.01)} \times 1 \times 2 = 529(块)(取整)$$

$$砂浆净用量 = 1 - 529 \times 0.24 \times 0.115 \times 0.053 = 0.226(m^3)$$

b.块料面层的材料用量计算。每 100 m^2 面层块料数量、灰缝及结合层材料用量公式为：

$$100\ m^2\ 块料净用量 = \frac{100}{(块料长 + 灰缝宽) \times (块料宽 + 灰缝宽)}$$

$$100\ m^2\ 灰缝材料净用量 = [100 - (块料长 \times 块料宽 \times 100\ m^2\ 块料用量)] \times 灰缝深$$

$$结合层材料用量 = 100\ m^2 \times 结合层厚度$$

【例 1.4】用 1:1 水泥砂浆贴 150 mm × 150 mm × 5 mm 瓷砖墙面,结合层厚度为 10 mm,试计算每 100 m^2 瓷砖墙面中瓷砖和砂浆的消耗量(灰缝宽为 2 mm)。假设瓷砖损耗率为 1.5%,砂浆损耗率为 1%。

【解】每 100 m^2 瓷砖墙面中瓷砖的净用量 $= \dfrac{100}{(0.15 + 0.002) \times (0.15 + 0.002)} = 4\ 328.25(块)$

每 100 m^2 瓷砖墙面中瓷砖的总消耗量 $= 4\ 328.25 \times (1 + 1.5\%) = 4\ 393.17(块)$

每 100 m^2 瓷砖墙面中结合层砂浆净用量 $= 100 \times 0.01 = 1(m^3)$

每 100 m^2 瓷砖墙面中灰缝砂浆净用量 $= [100 - (4\ 328.25 \times 0.15 \times 0.15)] \times 0.005$
$$= 0.013(m^3)$$

每 100 m^2 瓷砖墙面中水泥砂浆总消耗量 $= (1 + 0.013) \times (1 + 1\%) = 1.023(m^3)$

②材料单价。材料单价是指建筑材料从其来源地运到施工工地仓库,直至出库形成的综合单价。

a.材料原价是指国内采购材料的出厂价格,国外采购材料抵达买方边境、港口或车站并交纳完各种手续费、税费(不含增值税)后形成的价格。其计算公式为：

$$加权平均原价 = \frac{K_1 C_1 + K_2 C_2 + \cdots + K_n C_n}{K_1 + K_2 + \cdots K_n}$$

式中　$K_1, K_2, \cdots, K_n$——各不同供应地点的供应量或各不同使用地点的需要量；

　　　$C_1, C_2, \cdots, C_n$——各不同供应地点的原价。

b.材料运杂费是指国内采购材料自来源地、国外采购材料自到岸港运至工地仓库或指定堆放地点发生的费用(不含增值税)。其计算公式为：

$$加权平均运杂费 = \frac{K_1 T_1 + K_2 T_2 + \cdots + K_n T_n}{K_1 + K_2 + \cdots + K_n}$$

式中　$K_1, K_2, \cdots, K_n$——各不同供应地点的供应量或各不同使用地点的需求量；

　　　$T_1, T_2, \cdots, T_n$——各不同运距的运费。

若运输费用为含税价格,则需要按"两票制"和"一票制"两种支付方式分别调整。所谓"两票制"材料,是指材料供应商就收取的货物销售价款和运杂费向建筑业企业分别提供货物销售和交通运输两张发票的材料。在这种方式下,运杂费以接受交通运输与服务适用税率11%扣减增值税进项税额。所谓"一票制"材料,是指材料供应商就收取的货物销售价款和运杂费合计金额向建筑业企业仅提供一张货物销售发票的材料。在这种方式下,运杂费采用与材料原价相同的方式扣减增值税进项税额。

③运输损耗是指材料在运输装卸过程中不可避免的损耗。其计算公式为:

$$运输损耗 = (材料原价 + 运杂费) × 运输损耗率(\%)$$

④采购及保管费是指为组织采购、供应和保管材料过程中所需要的各项费用,包含采购费、仓储费、工地保管费和仓储损耗。其计算公式为:

$$采购及保管费 = 材料运到工地仓库价格 × 采购及保管费率(\%)$$

或

$$采购及保管费 = (材料原价 + 运杂费 + 运输损耗费) × 采购及保管费率(\%)$$

综上所述,材料单价的一般计算公式为:

$$材料单价 = [(供应价格 + 运杂费) × (1 + 运输损耗率)] × (1 + 采购及保管费率)$$

【例1.5】某建设项目材料(适用17%增值税率)从两个地方采购,其采购量及有关费用如表1.1所示,求该工地水泥的单价(表中原价、运杂费均为含税价格,且材料采用"两票制"支付方式,运杂费税率为11%)。

表1.1　材料采购信息表

采购处	采购量(t)	原价(元/t)	运杂费(元/t)	运输损耗率(%)	采购及保管费率(%)
来源1	300	240	20	0.5	3.5
来源2	200	250	15	0.4	

【解】应将含税的原价和运杂费调整为不含税价格,具体过程如表1.2所示。

表1.2　材料价格信息不含税价格处理

采购处	采购量(t)	原价(元/t)	原价(不含税)(元/t)	运杂费(元/t)	运杂费(不含税)(元/t)	运输损耗率(%)	采购及保管费率(%)
来源1	300	240	240/1.17 = 205.13	20	20/1.11 = 18.02	0.5	3.5
来源2	200	250	250/1.17 = 213.68	15	15/1.11 = 13.51	0.4	

$$加权平均原价 = \frac{300 × 205.13 + 200 × 213.68}{300 + 200} = 208.55(元/t)$$

$$加权平均运杂费 = \frac{300 × 18.02 + 200 × 13.51}{300 + 200} = 16.22(元/t)$$

$$来源1的运输损耗费 = (205.13 + 18.02) × 0.5\% = 1.12(元/t)$$

$$来源2的运输损耗费 = (213.68 + 13.51) × 0.4\% = 0.91(元/t)$$

$$加权平均运输损耗费 = \frac{300 × 1.12 + 200 × 0.91}{300 + 200} = 1.04(元/t)$$

材料单价 = (208.55 + 16.22 + 1.04) × (1 + 3.5%) = 233.71(元/t)

（3）施工机具使用费

施工机具使用费,是指施工作业所发生的施工机械、仪器仪表使用费或其租赁费。施工机械使用费是指施工机械作业所发生的使用费或租赁费。仪器仪表使用费是指工程施工所需使用的仪器仪表的摊销及维修费用。

施工机械使用费的计算公式为:

$$施工机械使用费 = \sum(施工机械台班消耗量 × 机械台班单价)$$

仪器仪表使用费的计算公式为:

$$仪器仪表使用费 = \sum(仪器仪表台班消耗量 × 仪器仪表台班单价)$$

（4）企业管理费

企业管理费是指施工单位组织施工生产和经营管理所发生的费用,包括管理人员工资、办公费、差旅交通费、固定资产使用费、工具用具使用费、劳动保险和职工福利费、劳动保护费、检验试验费、工会经费、职工教育经费、财产保险费、财务费、税金、其他。

企业管理费一般采用取费基数乘以费率的方法计算,取费基数有三种,分别是:以直接费为计算基础、以人工费和施工机具使用费合计为计算基础、以人工费为计算基础。

（5）利润

利润是指施工单位从事建筑安装工程施工所获得的盈利,由施工企业根据企业自身需求并结合建筑市场实际自主确定。

（6）规费

规费是指按国家法律、法规规定,由省级政府和省级有关权力部门规定施工单位必须缴纳或计取的应计入建筑安装工程造价的费用,主要包括社会保险费、住房公积金和工程排污费。其中,社会保险费包括养老保险费、失业保险费、医疗保险费、工伤保险费、生育保险费。住房公积金和社会保险费是以工程定额人工费为计算基数乘以相应费率计算而得的。

（7）税金

税金是指按照国家税法规定的应计入建筑安装工程造价内的增值税额,按税前造价乘以增值税税率确定。贵州省采用的是一般计税方法,税率为9%。

①采用一般计税方法时增值税的计算。当采用一般计税方法时,建筑业增值税税率为9%。其计算公式为:

$$增值税 = 税前造价 × 9\%$$

税前造价为人工费、材料费、施工机具使用费、企业管理费、利润和规费之和,各费用项目均以不包含增值税可抵扣进项税额的价格计算。

②采用简易计税方法时增值税的计算。当采用简易计税方法时,建筑业增值税税率为3%。其计算公式为:

$$增值税 = 税前造价 × 3\%$$

税前造价为人工费、材料费、施工机具使用费、企业管理费、利润和规费之和,各费用项目均以包含增值税可抵扣进项税额的价格计算。

2）按造价形成划分

按照工程造价形成划分,建筑安装工程费包括分部分项工程费、措施项目费、其他项目费、规费和税金。

（1）分部分项工程费

分部分项工程费是指各专业工程的分部分项工程应予列支的各项费用。各类专业工程的分部分项工程划分遵循国家或行业工程量计算规范的规定。

$$分部分项工程费 = \sum（分部分项工程量 \times 综合单价）$$

综合单价包括人工费、材料费、施工机具使用费、企业管理费和利润，以及一定范围的风险费用。

（2）措施项目费

措施项目费是指为完成建设工程施工，发生于该工程施工准备和施工过程中的技术、生活、安全、环境保护等方面的费用。措施项目费可以归纳为以下几项：

①安全文明施工费，包括环境保护费、文明施工费、安全施工费、临时设施费；

②夜间施工增加费；

③非夜间施工照明费；

④二次搬运费；

⑤冬雨期施工增加费；

⑥地上、地下设施和建筑物的临时保护设施费；

⑦已完工程及设备保护费；

⑧脚手架费；

⑨混凝土模板及支架（撑）费；

⑩垂直运输费；

⑪超高施工增加费；

⑫大型机械设备进出场及安拆费；

⑬施工排水、降水费；

⑭其他。

措施项目的计算分为应予计量的措施项目和不宜计量的措施项目两类。

其中，应予计量的措施项目基本与分部分项工程费的计算方法基本相同。其计算公式为：

$$措施项目费 = \sum（措施项目工程量 \times 综合单价）$$

不宜计量的措施项目分为安全文明施工费和其他不宜计量的措施项目。

$$安全文明施工费 = 计算基数 \times 安全文明施工费费率$$

计算基数为定额基价、定额人工费与施工机具使用费之和。

$$其他不宜计量的措施费 = 计算基数 \times 措施项目费费率$$

计算基数为定额人工费与施工机具使用费之和。

（3）其他项目费

①暂列金额。暂列金额是指建设单位在工程量清单中暂定并包括在工程合同价款中的一笔款项，用于施工合同签订时尚未确定或者不可预见的所需材料、工程设备、服务的采购，施工中可能发生的工程变更、合同约定调整因素出现时的工程价款调整以及发生的索赔、现场签证确认等的费用。

暂列金额由建设单位掌握使用,若扣除合同价款调整后有余额,归建设单位。

②计日工。计日工是指在施工过程中,施工单位完成建设单位提出的工程合同范围以外的零星项目或工作,按照合同中约定的单价计价形成的费用。

计日工由建设单位和施工单位按施工过程中形成的有效签证来计价。

③总承包服务费。总承包服务费是指总承包人为配合、协调建设单位进行的专业工程发包,对建设单位自行采购的材料、工程设备等进行保管以及施工现场管理、竣工资料汇总整理等服务所需的费用。

施工单位投标时总承包服务费是自主报价,施工过程中按签约合同价执行。

(4)规费和税金

规费和税金的构成和计算与按费用构成要素划分建筑安装工程费用项目组成部分是相同的。

1.2.3　建设用地费

任何一个建设项目都固定于一定地点与地面相连,必须占用一定量的土地,也就必然要发生为获得建设用地而支付的费用,这就是建设用地费。该费用是指为获得工程项目建设土地的使用权而在建设期内发生的各项费用。

1)建设用地取得的方式

建设用地的取得,实质是依法获取国有土地的使用权。获取国有土地使用权的基本方式有两种:一是出让方式,二是划拨方式。建设土地取得的基本方式还包括租赁和转让方式。

(1)通过出让方式获取国有土地使用权

国有土地使用权出让,是指国家将国有土地使用权在一定年限内出让给土地使用者,由土地使用者向国家支付土地使用权出让金的行为。土地使用权出让最高年限按下列用途确定:

①居住用地 70 年;

②工业用地 50 年;

③教育、科技、文化、卫生、体育用地 50 年;

④商业、旅游、娱乐用地 40 年;

⑤综合或者其他用地 50 年。

通过出让方式获取土地使用权又可以分成两种具体方式:一是通过招标、拍卖、挂牌等竞争出让方式获取国有土地使用权,二是通过协议出让方式获取国有土地使用权。

(2)通过划拨方式获取国有土地使用权

国有土地使用权划拨,是指县级以上人民政府依法批准,在土地使用者缴纳补偿、安置等费用后将该幅土地交付其使用,或者将土地使用权无偿交付给土地使用者使用的行为。

国家对划拨用地有着严格的规定,下列建设用地,经县级以上人民政府依法批准,可以以划拨方式取得:

①国家机关用地和军事用地;

②城市基础设施用地和公益事业用地;

③国家重点扶持的能源、交通、水利等基础设施用地;

④法律、行政法规规定的其他用地。

依法以划拨方式取得土地使用权的,除法律、行政法规另有规定外,没有使用期限的限制。因企业改制、土地使用权转让或者改变土地用途等不再符合划拨用地要求的,应当实行有偿使用。

2)建设用地取得的费用

（1）征地补偿费

①土地补偿费。土地补偿费是对农村集体经济组织因土地被征用而造成的经济损失的一种补偿。征用耕地的补偿费,为该耕地被征用前三年平均年产值的 6~10 倍。征用其他土地的补偿费标准,由省、自治区、直辖市参照征用耕地的土地补偿费标准制定。土地补偿费归农村集体经济组织所有。

②青苗补偿费和地上附着物补偿费。青苗补偿费是因征地时对其正在生长的农作物受到损害而作出的一种赔偿。在农村实行承包责任制后,农民自行承包土地的青苗补偿费应付给本人,属于集体种植的青苗补偿费可纳入当年集体收益。凡在协商征地方案后抢种的农作物、树木等,一律不予补偿。地上附着物是指房屋、水井、树木、涵洞、桥梁、公路、水利设施、林木等地面建筑物、构筑物、附着物等。补偿费金额视协商征地方案前地上附着物价值与折旧情况确定,应根据"拆什么补什么,拆多少补多少,不低于原来水平"的原则确定。如附着物产权属个人,则该项补助费付给个人。地上附着物的补偿标准,由省、自治区、直辖市规定。

③安置补助费。安置补助费应支付给被征地单位和安置劳动力的单位,作为劳动力安置与培训的支出,以及作为不能就业人员的生活补助。征收耕地的安置补助费,按照需要安置的农业人口数计算。需要安置的农业人口数,按照被征收的耕地数量除以征地前被征收单位平均每人占有耕地的数量计算。每一个需要安置的农业人口的安置补助费标准,为该耕地被征收前三年平均年产值的 4~6 倍。但是,每公顷被征收耕地的安置补助费,最高不得超过被征收前三年平均年产值的 15 倍。土地补偿费和安置补助费,尚不能使需要安置的农民保持原有生活水平的,经省、自治区、直辖市人民政府批准,可以增加安置补助费。但是,土地补偿费和安置补助费的总和不得超过土地被征收前三年平均年产值的 30 倍。

④新菜地开发建设基金。新菜地开发建设基金是指征用城市郊区商品菜地时支付的费用。这项费用交给地方财政,作为开发建设新菜地的投资。菜地是指城市郊区为供应城市居民蔬菜,连续 3 年以上常年种菜地或者养殖鱼、虾等的商品菜地和静养鱼塘。一年只种一茬或因调整茬口安排种植蔬菜的,均不作为需要收取开发基金的菜地。征用尚未开发的规划菜地,不缴纳新菜地开发建设基金。在蔬菜产销放开后,能够满足供应,不再需要开发新菜地的城市,不收取新菜地开发基金。

⑤耕地占用税。耕地占用税是对占用耕地建房或者从事其他非农业建设的单位和个人征收的一种税收,目的是合理利用土地资源、节约用地,保护农用耕地。耕地占用税征收范围,不仅包括占用耕地,还包括占用鱼塘、园地、菜地及其农业用地建房或者从事其他非农业建设,均按实际占用的面积和规定的税额一次性征收。其中,耕地是指用于种植农作物的土地。占用前三年曾用于种植农作物的土地也视为耕地。

⑥土地管理费。土地管理费主要作为征地工作中所发生的办公、会议、培训、宣传、差

旅、借用人员工资等必要的费用。土地管理费的收取标准,一般是在土地补偿费、青苗费、地上附着物补偿费、安置补助费 4 项费用之和的基础上提取 2% ~4% 。如果是征地包干,还应在 4 项费用之和后再加上粮食价差、副食补贴、不可预见费等费用,在此基础上提取 2% ~4% 作为土地管理费。

（2）拆迁补偿费用

在城市规划区内国有土地上实行房屋拆迁,拆迁人应当对被拆迁人给予补偿。

①拆迁补偿金。拆迁补偿金的方式可以实行货币补偿,也可以实行房屋产权调换。

货币补偿的金额,根据被拆迁房屋的区位、用途、建筑面积等因素,以房地产市场评估价格确定。具体办法由省、自治区、直辖市人民政府制定。

实行房屋产权调换的,拆迁人与被拆迁人按照计算得到的被拆迁房屋的补偿金额和所调换房屋的价格,结清产权调换的差价。

②搬迁、安置补助费。拆迁人应当对被拆迁人或者房屋承租人支付拆迁补助费,对于在规定的搬迁期限届满前搬迁的,拆迁人可以付给提前搬家奖励费;在过渡期限内,被拆迁人或者房屋承租人自行安排住处的,拆迁人应当支付临时安置补助费;被拆迁人或者房屋承租人使用拆迁人提供的周转房的,拆迁人不支付临时安置补助费。

搬迁补助费和临时安置补助费的标准,由省、自治区、直辖市人民政府规定。有些地区规定,拆除非住宅房屋造成停产、停业,引起经济损失的,拆迁人可以根据被拆除房屋的区位和使用性质,按照一定标准给予一次性停产停业综合补助费。

（3）出让金、土地转让金

土地使用权出让金为用地单位向国家支付的土地所有权收益,出让金标准一般参考城市基准地价并结合其他因素制定。基准地价由市土地管理局会同市物价局、市国有资产管理局、市房地产管理局等部门综合平衡后报市级人民政府审定通过。它以城市土地综合定级为基础,用某一地价或地价幅度表示某一类别用地在某一土地级别范围的地价,以此作为土地使用权出让价格的基础。

在有偿出让和转让土地时,政府对地价不作统一规定,但应坚持以下原则:地价对目前的投资环境不产生大的影响;地价与当地的社会经济承受能力相适应;地价要考虑已投入的土地开发费用、土地市场供求关系、土地用途、所在区类、容积率和使用年限等。有偿出让和转让使用权,要向土地受让者征收契税;转让土地如有增值,要向转让者征收土地增值税;土地使用者每年应按规定的标准缴纳土地使用费。土地使用权出让或转让,应先由地价评估机构进行价格评估后,再签订土地使用权出让和转让合同。

土地使用权出让合同约定的使用年限届满,土地使用者需要继续使用土地的,应当至迟于届满前一年申请续期,除根据社会公共利益需要收回该幅土地的,应当予以批准。经批准予续期的,应当重新签订土地使用权出让合同,依照规定支付土地使用权出让金。

1.2.4　与项目建设有关的其他费用

1）建设管理费

建设管理费是指建设单位为组织完成工程项目建设,在建设期内发生的各类管理性费用,包括建设单位管理费、工程监理费和工程总承包管理费。

$$建设单位管理费 = 工程费用 \times 建设单位管理费率$$

2)可行性研究费

可行性研究费是指在工程项目投资决策阶段,依据调研报告对有关建设方案、技术方案或生产经营方案进行的技术经济论证,以及编制、评审可行性研究报告所需的费用。

3)研究试验费

研究试验费是指为建设项目提供或验证设计数据、资料等进行必要的研究实验及按照相关规定在建设过程中必须进行实验、验证所需的费用。

4)勘察设计费

勘察设计费是指对工程项目进行工程水文地质勘查、工程设计所发生的费用。

5)专项评价及验收费

专项评价及验收费包括环境影响评价费、安全预评价及验收费、职业病危害预评价及控制效果评价费、地震安全性评价费、地质灾害危险性评级费、水土保持评价及验收费、压覆矿产资源评价费、节能评估及评审费、危险与可操纵性分析及安全完整性评价费、其他专项评价及验收费。

6)场地准备及临时设施费

建设项目场地准备费是指为使工程项目的建设场地达到开工条件,由建设单位组织进行的场地平整等准备工作而发生的费用。

建设单位临时设施费是指建设单位为满足工程项目建设、生活、办公的需要,用于临时设施建设、维修、租赁、使用所发生或摊销的费用。

新建项目的场地准备和临时设施费应根据实际工程量估算,或按工程费用的比例计算。改扩建项目一般只计拆除清理费。

$$场地准备和临时设施费 = 工程费用 \times 费率 + 拆除清理费$$

7)引进技术和设备其他费

引进技术和设备其他费是指引进技术和设备发生的但未计入设备购置费中的费用,主要包括以下内容:

①引进项目图纸资料翻译复制费、备品备件测绘费;

②出国人员费用;

③来华人员费用;

④银行担保及承诺费。

8)工程保险费

工程保险费是指转移工程项目建设的意外保险,在建设期内对建筑工程、安装工程、机械设备和人身安全进行投保而发生的费用,包括建筑安装工程一切险、引进设备财产保险和人身意外伤害险等。

9)特殊设备安全监督检验费

特殊设备安全监督检验费是指安全监督部门对在施工现场组装的锅炉及压力容器、压力管道、消防设备、燃气设备、电梯等特殊设备和设施安全检验收取的费用。

10）市政公用设施费

市政公用设施费是指使用市政公用设施的工程项目，按照项目所在地省级人民政府有关规定建设或缴纳的市政公用设施建设配套费用以及绿化工程补偿费用。

1.2.5　与未来生产经营有关的其他费用

1）联合试运转费

联合试运转费是指新建或新增加生产能力的工程项目，在交付生产前按照设计文件规定的工程质量标准和技术要求，对整个生产线或装置进行负荷联合试运转所发生的费用净支出（试运转支出大于收入的差额部分费用）。试运转支出包括试运转所需原材料、燃料及动力消耗、低值易耗品、其他物料消耗、工具用具使用费、机械使用费、保险金、施工单位参加试运转人员工资以及专家指导费等；试运转收入包括试运转期间的产品销售收入和其他收入。联合试运转费不包括应由设备安装工程费用开支的调试及试车费用，以及在试运转中暴露出来的因施工原因或设备缺陷等发生的处理费用。

2）专利及专有技术使用费

专利及专有技术使用费是指在建设期内为取得专利、专有技术、商标权、商誉、特许经营权等发生的费用。

专利及专有技术使用费的主要内容如下：

①国外设计及技术资料费，引进有效专利、专有技术使用费和技术保密费；

②国内有效专利、专有技术使用费用；

③商标权、商誉和特许经营权费等。

3）生产准备费

在建设期内，建设单位为保证项目正常生产而发生的人员培训费、提前进厂费以及投产使用必备的办公、生活家具用具及工器具等的购置费用。其主要内容包括：

①人员培训费及提前进厂费，包括自行组织培训或委托其他单位培训的人员工资、工资性补贴、职工福利费、差旅交通费、劳动保护费、学习资料费等。

②为保证初期正常生产（或营业、使用）所必需的生产办公、生活家具用具购置费。

$$生产准备费 = 设计定员 \times 生产准备费指标$$

1.2.6　预备费

预备费是指在建设期内因各种不可预见因素的变化而预留的可能增加的费用，包括基本预备费和价差预备费。

1）基本预备费

基本预备费是指投资估算或工程概算阶段预留的，由于工程实施中不可预见的工程变更及洽商、一般自然灾害处理、地下障碍物处理、超规超限设备运输等而可能增加的费用，也可称为工程建设不可预见费。基本预备费一般由以下 4 部分构成：

①工程变更及洽商。该费用是指在批准的初步设计范围内,技术设计、施工图设计及施工过程中所增加的工程费用以及设计变更、工程变更、材料代用、局部地基处理等增加的费用。

②一般自然灾害处理。该费用是指一般自然灾害造成的损失和预防自然灾害所采取的措施费用。实行工程保险的工程项目,该费用应适当降低。

③不可预见的地下障碍物处理的费用。

④超规超限设备运输增加的费用。

$$基本预备费 = (工程费用 + 工程建设其他费用) \times 基本预备费费率$$

2) 价差预备费

价差预备费是指为在建设期内利率、汇率或价格等因素的变化而预留的可能增加的费用,也称为价格变动不可预见费。价差预备费的内容包括人工、设备、材料、施工机具的价差费,建筑安装工程费及工程建设其他费用调整,利率、汇率调整等增加的费用。其计算公式为:

$$PF = \sum_{t=1}^{n} I_t \left[(1+f)^m (1+f)^{0.5} (1+f)^{t-1} - 1 \right]$$

式中   PF——价差预备费;

   n——建设期年份数;

   I_t——建设期中第 t 年的静态投资计划额,包括工程费用、工程建设其他费用及基本预备费;

   f——年涨价率;

   m——建设前期年限(从编制估算到开工建设,单位:年)。

【例1.6】某建设项目建安工程费5 000万元,设备购置费3 000万元,工程建设其他费用2 000万元,已知基本预备费率5%,项目建设前期年限为1年,建设期为3年,各年投资计划额为:第一年完成投资20%,第二年60%,第三年20%。年均投资价格上涨率为6%,求建设项目建设期间价差预备费。

【解】基本预备费 = (5 000 + 3 000 + 2 000) × 5% = 500(万元)

静态投资 = 5 000 + 3 000 + 2 000 + 500 = 10 500(万元)

建设期第一年完成投资 = 10 500 × 20% = 2 100(万元)

第一年涨价预备费:$PF_1 = I_1 \left[(1+f)(1+f)^{0.5} - 1 \right] = 191.8$(万元)

第二年完成投资 = 10 500 × 60% = 6 300(万元)

第二年涨价预备费:$PF_2 = I_2 \left[(1+f)(1+f)^{0.5}(1+f) - 1 \right] = 987.9$(万元)

第三年完成投资 = 10 500 × 20% = 2 100(万元)

第三年涨价预备费:$PF_3 = I_3 \left[(1+f)(1+f)^{0.5}(1+f)^2 - 1 \right] = 475.1$(万元)

所以,建设期的涨价预备费为:$PF = PF_1 + PF_2 + PF_3 = 191.8 + 987.9 + 475.1 = 1\ 654.8$(万元)

1.2.7   建设期利息

建设期利息主要是指在建设期内发生的为工程项目筹措资金的融资费用及债务资金利息。

建设期利息的计算,根据建设期资金用款计划,在总贷款分年均衡发放前提下,可按当年借款在年中支用考虑,即当年借款按半年计息,上年借款按全年计息。其计算公式为:

$$q_j = \left(P_{j-1} + \frac{1}{2}A_j \right) \times i$$

式中　q_j——建设期第 j 年应计利息；

　　　P_{j-1}——建设期第 $j-1$ 年末累计贷款本金与利息之和；

　　　A_j——建设期第 j 年贷款金额；

　　　i——年利率。

【例1.7】某新建项目建设期为3年,分年均衡进行贷款,第一年贷款300万元,第二年贷款600万元,第三年贷款400万元,年利率为12%,建设期内利息只计息不支付,计算建设期利息。

【解】建设期内各年利息计算如下:

$$q_1 = \frac{1}{2} \times 300 \times 12\% = 18(万元)$$

$$q_2 = \left(300 + 18 + \frac{1}{2} \times 600 \right) \times 12\% = 74.16(万元)$$

$$q_3 = \left(300 + 18 + 600 + 74.16 + \frac{1}{2} \times 400 \right) \times 12\% = 143.06(万元)$$

由此可得,建设期利息 $q = q_1 + q_2 + q_3 = 18 + 74.16 + 143.06 = 235.22(万元)$

1.3　建筑工程计价模式

我国现行的建设工程计价模式主要有定额计价模式和工程量清单计价模式两种。

1.3.1　定额计价模式

定额计价模式是指根据工程项目的设计施工图纸、计价定额(概预算定额)、费用定额、施工组织设计或施工方案等文件资料为依据而计算和确定工程造价的一种计价模式。

在我国实行计划经济的几十年里,业主和承包商按照国家的规定,都广泛应用这种定额计价模式计算拟建工程项目的工程造价,并作为结算工程价款的主要依据,对我国社会主义现代化建设起过重要作用。改革开放以后,随着社会主义市场经济的建立和逐步完善,定额计价模式已不适应我国建筑市场发展和国际接轨的需要,改革传统的计价模式势在必行。因此,工程量清单计价模式也就随着工程造价管理体系改革的深化应运而生了。

1)定额的特点

(1)科学性特点

工程建设定额科学性的特点表现为:基本建设定额是在认真研究客观规律的基础上通过长期观察、测定、总结生产实践及广泛搜集资料,通过对工时分析、动作研究、现场布置、工具设备改革,生产技术与组织的合理配合等各方面进行科学的综合研究后制定的。即用科学的态度制定定额,尊重客观实际,避免主观臆断,力求定额水平合理;用科学的方法制定定额,在制定定额的技术方法上利用现代科学管理的成就,形成系统的、完整的、严密的、在实践中行之有效的科学方法。

(2)系统性特点

工程建设定额是由多种定额结合而成的有机整体。它的结构复杂,具有鲜明的层次联系和明确的目标,又是相对独立的系统。各类工程的建设都有严格的项目划分,如建设项目、单项工程、单位工程、分部工程、分项工程;在计划和实施工程中有严密的逻辑阶段,如规划、可行性研究、设计、施工、试运转、竣工交付使用以及投入使用后维修等,形成工程建设定额的多种类,多层次,并具有系统性。

(3)统一性特点

工程建设定额的统一性是由国家对经济发展的宏观调控职能决定的。为了使国民经济按照预定的目标发展,就要借助某些标准、定额、参数等,对工程建设进行规划、组织、调节、控制。这些标准、定额、参数必须在一定范围内用一种统一的尺度,才能实现上述职能,才能利用它对项目的拟订、设计方案、投标报价、成本控制等进行评选和评价。工程建设定额的统一性按照其影响和执行范围来看,有全国统一定额、部门统一定额和地区统一定额等;按照定额的制定、颁布和贯彻使用来看,有统一的程序、统一的原则、统一的方法和统一的要求。

(4)稳定性特点

工程建设定额中的任何一种定额都是一定时期技术发展和管理水平的反映,因而在一段时期内都表现出稳定的状态。根据管理权限等具体情况的不同,定额稳定的时间有长有短。保持定额的稳定性是维护定额的权威性所必需的,又是有效贯彻定额所必需的,工程建设定额的稳定性是相对的。任何一种工程定额都只能反映一定时期的生产力水平,当技术进步,生产力向前发展,定额就会与已发展的生产力不相适应,因此,在适当的时期进行定额修编就是必然的。

(5)法令性特点

定额经授权单位批准颁发后,就具有法令性,只要是属于规定的范围之内,任何单位都必须严格遵守,认真执行。任何单位或个人都应当遵守定额管理权限的规定,不得任意改变定额的结构形式和内容,不得任意降低或变相降低定额的水平,如需要进行调整、修改和补充,必须经授权部门批准。定额管理部门和企业管理部门应对企业和基层单位进行必要的监督。随着我国社会主义市场经济不断推进,定额已由过去的法令性特点正逐步转变到指导性特点的过程中。

2)定额的分类

定额种类繁多,为了对基本建设工程定额有一个全面的、概念性的了解,可以按照以下不同的原则和方法进行分类。

(1)按生产因素分类

按照定额所反映的生产因素消耗内容不同,工程建设定额可分为以下三种:

①劳动消耗定额,简称劳动定额。它是指在合理的劳动组织及正常的施工条件下,完成单位合格产品(工程实体)规定劳动消耗的数量标准或在一定的劳动消耗中所产生的合格产品的数量。劳动定额按其表现形式不同,可分为时间定额和产量定额两种。

②材料消耗定额。它是指在节约和合理使用材料的条件下,生产单位合格产品所必须消耗的一定品种规格的主要材料、辅助材料和其他材料的数量标准。材料是基本建设工程中所使用的原材料,成品及半成品,构配件,燃料以及水、电、动力资源等的总称。材料作为劳动对象是构成工程的实体物资,需要量很大,种类繁多、规格繁杂,因此材料消耗多少,消耗是否合理,不仅关系到资源的有效利用,而且对建设项目的投资、建筑产品的成本控制都

起着决定性影响。

③机械台班消耗定额,简称机械定额。它是指在正常的施工条件下及合理的劳动组织与合理使用机械的条件下,完成单位合格产品所规定的施工机械消耗的数量标准。机械消耗定额可分为时间定额和产量定额两种,其主要表现形式是时间定额。

(2)按编制程序和用途分类

工程建设定额可分为以下几种:

①施工定额。它是施工企业组织生产和加强管理,在企业内部直接用于建筑工程施工管理的一种定额。它由劳动定额、材料消耗定额和机械台班消耗定额三个相对独立的部分组成。它既考虑预算定额的分部方法和内容,又考虑劳动定额的分工种做法。定额人工部分要比劳动定额粗,步距大些,工作内容有适当的综合扩大。它要比预算定额细,要考虑劳动组合等。它是施工企业进行科学管理的基础,主要用于施工企业内部经济核算,编制施工预算,编制施工作业计划,施工组织设计和确定人工、材料及机械需要量计划,施工队向班组签发施工任务单和限额领料单,计算劳动报酬和奖励的依据,是编制预算定额,确定人工、材料、机械消耗数量标准的基础依据。

②预算定额。它是指在正常合理的施工条件下,规定完成一定计量单位的分项工程或结构构件所必需的人工(工日)、材料、机械(台班)以及货币形式表现的消耗数量标准。它是在编制施工图预算时,计算工程造价和计算单位工程中劳动力、材料、机械台班需要量使用的一种定额。它属于计价性定额,是基本建设管理工作中的一项重要的技术经济法规。它规定了工程施工生产的社会必要劳动量,即确定了工程(产品)计划价格。因此,它是确定工程造价的主要依据,是计算标底和确定报价的主要依据。

③概算定额。它是在相应预算定额的基础上,以分部工程为主,综合、扩大、合并与其相关部分,使其达到项目少、内容全、计算简化、准确适用的目的。它是设计单位编制初步设计或扩大初步设计概算时,计算和确定拟建项目概算造价,计算劳动力(工日)、材料、机械(台班)需要量所使用的定额。

④概算指标。它是在相应概算定额的基础上,对工程进行综合扩大而形成的,规定完成一定计量单位的建筑物或构筑物所需要的劳动力(工日)、主要材料消耗量和相应费用的指标。它主要是在项目建议书和可行性研究报告编制阶段用以投资估算所使用的定额。上述的计量单位很多,例如:$1\ m^2$、$100\ m^2$、$1\ m^3$、$1\ 000\ m^3$、$1\ km$、幢(建筑物)、座(构筑物)、套(系统)等。概算指标编制内容、各项指标的取定以及形式等,国家无统一规定,由各部门结合本行业工程建设的特点和需要自行制订。

⑤投资估算指标。它是以建设项目、单项工程、单位工程为对象,反映建设总投资及其各项费用构成的经济指标。它是在项目建议书和可行性研究阶段编制投资估算、计算投资需要量时使用的一种定额。它的概略程度与可行性研究阶段相适应。它往往根据历史的预、决算资料和价格变动等资料编制,但其编制基础仍然离不开预算定额、概算定额。

(3)按制定单位和执行范围分类

①全国统一定额。它是由国家建设行政主管部门组织制定综合全国基本建设的生产技术和施工组织的一般情况编制,并在全国范围内执行的定额。例如全国建筑安装工程统一劳动定额、全国市政工程统一劳动定额等。

②部门统一定额。它是由中央各部（委）根据本部门专业性质不同的特点,参照全国统一定额的编制水平,编制的适用于本部门工程技术特点以及施工生产和管理水平的一种定额,如"公路工程预算定额""工业建筑防腐工程预算定额"等。部门定额的特点是专业性强,仅适用于本部门及其他部门相同专业性质的工程建设项目。

③地区统一定额。由于我国地域辽阔,各地气候条件、经济技术、物质资源和交通运输条件等方面的差异,构成对全国统一定额项目、内容和水平不能完全适应本地区经济技术特点的要求。为此,由各省、自治区、直辖市建设行政主管部门结合本地区经济发展水平和特点,在全国统一定额水平的基础上对定额项目作出适当调整补充而成的一种定额。地区定额仅限于在本地区范围内所有的工程建设项目使用,但不适用于专业性特强的建设项目。

④企业定额。它是指由工程施工企业结合自身具体情况,参照国家、部门或地区统一定额的技术水平自行编制,由企业内部自己使用的一种定额。

（4）按专业分类

①建筑工程定额及其配套的费用定额,适用于一般工业与民用建筑的新建、扩建工程、接层工程及单独承包的装饰装修工程,不适用于修缮及临时性工程。

②安装工程定额及其配套的费用定额,适用于工业与民用新建、扩建的安装工程。其范围包括机械设备安装、电气设备安装、工艺管道、给排水、采暖、煤气、通风空调、自动化控制装置及仪表、工艺金属结构、炉窑砌筑、热力设备安装、化学工业设备安装、非标设计制作工程以及上述工程的刷油、绝热、防腐蚀工程。

1.3.2　工程量清单计价模式

工程量清单计价是建设工程招标投标中,按照国家统一的工程量清单计价规范,招标人自行或者委托具有资质的中介机构编制反映工程实体消耗和措施消耗的工程量清单,并作为招标文件的一部分提供给投标人,由投标人根据工程量清单和《建设工程工程量清单计价规范》等为依据而填写、计算和确定工程造价的一种计价模式。建设工程工程量清单计价表（即投标报价文件）的填写、计算与编制,是以招标文件、合同条件、建设工程工程量清单、施工设计图纸、国家技术经济规范和标准、投标人制订的施工组织设计或施工方案为依据,按照企业定额及市场信息价格,并结合建筑承包企业的施工技术水平和管理水平等,由投标人自主确定。

1）工程量清单计价的特点

（1）满足竞争的需要

招投标过程本身就是竞争的过程。报价过高,中不了标;报价过低,企业又会面临亏损。这就要求投标单位的管理水平和技术水平要有一定的实力,才能形成企业整体的竞争实力。

（2）竞争条件平等

由招标单位编制好工程量清单,这样就使各投标单位的起点是一致的——相同的工程量,由企业根据自身实力来填写不同的报价。

（3）有利于工程款的拨付和工程造价的最终确定

在工程量清单报价基础上的中标价是承发包双方签订合同的依据,单价是拨付工程款的依据。在工程实施过程中,建设单位根据完成的实际工程量,可以进行进度款的支付。工程竣工后,根据设计变更、工程洽商等计算出增加或减少的工程量乘以相应的单价,可以很容易地确定工程的最终造价。

(4)有利于实现风险的合理分担

采用工程量清单计价方式,投标单位对自身发生的成本和单价等负责,但是由于工程量的变更或工程量清单编制过程中的计算错误等则由建设单位承担风险。

(5)有利于建设单位对投资的控制

工程量清单中各分项的工程量及其变化一目了然,若需进行变更,能立刻知道对工程造价的影响,建设单位可根据投资情况决定是否变更或提出更恰当的解决方法。

2)工程量清单的组成

工程项目清单必须载明项目编码、项目名称、项目特征、计量单位和工程量。工程项目清单必须根据各专业工程工程量计算规范规定的项目编码、项目名称、项目特征、计量单位和工程量计算规则进行编制。其格式如表 1.3 所示,具体内容详见第 6 章。

表 1.3　分部分项工程和单价措施项目清单与计价表

工程名称:　　　　　　　　　标段:　　　　　　　　　　第 页 共 页

序号	项目编码	项目名称	项目特征描述	计量单位	工程量	金额		
						综合单价	合价	其中:暂估价

1.3.3　定额计价模式与工程量清单计价模式的区别

1)计价依据不同

定额计价是根据统一的预算定额、费用定额、调价系数,并且是由政府实行定价的。清单计价是实行企业定额,并且是由市场竞争定价的。

2)计价项目划分不同

①定额计价模式中计价项目的划分以施工工序为主,内容单一(有一个工序即有一个计价项目);而清单计价模式中计价项目的划分以工程实体为对象,项目综合度较大,将形成某实体部位或构件必需的多项工序或工程内容并为一体,能直观地反映出该实体的基本价格。如砖砌化粪池按座综合了挖土方、做垫层、池底板、砌砖池、抹灰、回填等工序;锚杆支护综合了钻孔、制浆、压浆、锚杆制作、张拉锚、喷射砂浆等工序或工程内容。

②定额计价模式中计价项目的工程实体与措施合二为一,即该项目既有实体因素又包含措施因素在内;而清单计价模式工程量计算方法是将实体部分与措施部分分离,有利于业主、企业视工程实际自主组价,实现了个别成本控制。

③定额计价模式的项目划分中着重考虑了施工方法因素,从而限制了企业优势的展现;而清单计价模式的项目中不再与施工方法挂钩,而是将施工方法的因素放在组价中由计价人考虑。

3)工程量计算规则不同

定额计价模式按分部分项工程的施工量计量,而清单计价模式则按分部分项实物工程量净量计量,当分部分项子目综合多个工程内容时,以主体工程内容的单位为该项目的计量单位。比如,挖 10 m 底面宽为 1.8 m,深 2 m 的砖基础土方,定额计价的工程量计算要考虑增加工作面及放坡因素,为(1.8 + 2×0.2 + 2×0.33) m×2 m×10 m = 57.2 m³,清单计价中工程量的计算不考虑增加工作面及放坡,为 1.8 m×2 m×10 m = 36 m³。又如,清单计价的挖基础土方中包括破桩头的工程内容时,无论破桩头的工程量多大,均以挖基础土方的工程量以 m³ 为单位计价,破桩头不再单列工程量。

4)编制工程量的单位不同

定额计价的工程量编制方法是,建设工程的工程量分别由招标单位和投标单位按照施工图纸计算。工程量清单计价编制工程量的方法是,由招标单位统一计算或者委托有工程造价咨询资质的单位计算。

5)编制工程量清单的时间不同

定额计价方法是在发出招标文件后,由招标人与投标人同时编制或投标人编制好后由招标人进行审核。工程量清单计价方法必须在发出招标文件之前编制,由于工程量清单是招标文件的重要组成部分,各投标单位要根据统一的工程量清单再结合自身的管理水平、技术水平和施工经验等进行填报单价。定额计价方法通常是总价形式。工程量清单报价法采用综合单价的形式。

6)合同价款的调整方式不同

定额计价方法合同价款的调整方式包括变更签证和政策性调整等,工程量清单计价方式主要是索赔。

7)投标计算口径不同

定额计价法招标,各投标单位各自计算工程量,计算出的工程量均不一致。工程量清单计价法招标,各投标单位都根据统一的工程量清单报价,达到了招标人计算口径的统一。

8)项目编码不同

定额计价法在全国各省市采用不同的定额子目。工程量清单计价法则是全国实行统一的 12 位阿拉伯数字编码。其中,一、二位为专业计算规范代码,三、四位为专业工程顺序码,五、六位为分部工程顺序码,七、八、九位为分项工程顺序码,十、十一、十二位为清单项目名称顺序码。前九位编码不能变动,后三位编码由清单编制人根据项目设置的清单项目编制。

本章小结

本章主要从三个方面阐述了建筑工程如何计价。首先了解工程项目的基本建设程序,一个项目从无到有的过程,再对工程造价的特征进行简单介绍,在理解的过程中,要对工程项目的划分进行重点掌握,必须了解工程项目主要划分为哪几类,并且也要熟悉每个类型的含义及区别;其次本章用大篇幅介绍建筑工程造价的构成,具体分为哪些部分,并且各个部分包含哪些内容,每个部分的价格是如何形成的,都要进行重点掌握;最后介绍工程造价的计价模式,目前我国有清单和定额两种模式,要理解这两种计价模式的区别,并且要掌握何时采用何种模式。

建筑工程计价作为本书的核心内容,要理解其层层递进的过程,由分到总,层层展开,形成整体的系统的建筑工程计量计价知识体系。

课后习题

一、单项选择题

1. 项目计划总资金包括项目建设总费用和(　　)。
   A. 铺底流动资金　　　B. 建安工程费　　　C. 其他费用　　　D. 基本预备费

2. 建设工程定额反映的是一种社会(　　)消耗水平。
   A. 先进　　　　　　　B. 平均　　　　　　C. 加权平均　　　D. 行业平均

3. 设备费是指按照设备供货价格购买设备所支付的费用,含(　　)。
   A. 设备费　　　　　　B. 装卸费　　　　　C. 运输保险费　　D. 包装费

4. 工程计量依据一般有质量合格证书,工程量清单前言,技术规范中的(　　)条款和设计图纸。
   A. 价款支付　　　　　B. 措施项目　　　　C. 暂列金　　　　D. 计量支付

5. 使用国有资金投资的建设工程发承包,(　　)采用工程量清单计价。
   A. 必须　　　　　　　B. 可以　　　　　　C. 宜　　　　　　D. 自主

6. 工程量清单前言和(　　)是确定计量方法的依据。
   A. 计量支付　　　　　B. 技术规范　　　　C. 措施项目　　　D. 设计图纸

7. 完成合同以外的零星工作时,按(　　)单价计算。
   A. 计日工　　　　　　B. 计时工　　　　　C. 定额工　　　　D. 协议工

8. 根据现行建设项目工程造价构成的相关规定,工程造价是指(　　)。
   A. 为完成工程项目建造,生产性设备及配合工程安装设备的费用
   B. 建设期内直接用于工程建造、设备购置及其安装的建设投资
   C. 为完成工程项目建设,在建设期内投入且形成现金流出的全部费用
   D. 在建设期内预计或实际支出的建设费用

9. 关于进口设备到岸价的构成及计算,下列公式中正确的是(　　)。
   A. 到岸价 = 离岸价 + 运输保险费
   B. 到岸价 = 离岸价 + 进口从属费
   C. 到岸价 = 运费在内价 + 运输保险费
   D. 到岸价 = 运输在内费 + 进口从属费

10. 某进口设备到岸价为 1 500 万元,银行财务费、外贸手续费合计 36 万元。关税 300 万元,消费税和增值税税率分别为 10%、17%,则该进口设备原价为(　　)万元。
    A. 2 386.8　　　　　B. 2 176.0　　　　C. 2 362.0　　　　D. 2 352.6

11. 关于建筑安装工程费用中建筑业增值税的计算,下列说法中正确的是(　　)。
    A. 当事人可以自主选择一般计税法或简易计税法计税

B. 一般计税法、简易计税法中的建筑业增值税税率均为11%

C. 采用简易计税法时,税前造价不包含增值税的进项税额

D. 采用一般计税法时,税前造价不包含增值税的进项税额

12. 根据现行建筑安装工程费用项目组成的规定,下列费用项目中,属于施工用具折旧费的是( )。

    A. 仪器仪表使用费　　　　　　　　　　B. 施工机械财产保险费

    C. 大型机械进出费　　　　　　　　　　D. 大型机械安拆费

13. 下列费用项目中,属于联合试运转费中试运转支出的是( )。

    A. 施工单位参加试运转人员的工资

    B. 单位设备的单机试运转费

    C. 试运转中暴露出来的施工缺陷处理费用

    D. 运转中暴露出来的设备缺陷处理费用

14. 某建设项目静态投资20 000万元,项目建设前期年限为1年,建设期为2年,计划每年成投资50%,年均投资价格上涨率为5%,该项目建设期价差预备费为( )万元。

    A. 1 006.25　　　　B. 1 525.00　　　　C. 2 056.56　　　　D. 2 601.25

15. 某项目建设期为2年,第一年贷款400万元,第二年贷款2 000万元,贷款年利率10%,贷款在年内均衡发放,建设期内只计息不付息。该项目第二年的建设期利息为( )万元。

    A. 200　　　　　　B. 500　　　　　　C. 520　　　　　　D. 600

16. 下列定额中,项目划分最细的造价定额是( )。

    A. 材料消耗定额　　B. 劳动定额　　　　C. 预算定额　　　　D. 概算定额

二、多项选择题

1. 建筑安装工程费由( )组成。

    A. 直接费　　　　　B. 间接费　　　　　C. 编制基准期价差

    D. 利润　　　　　　E. 税金

2. 建设项目总费用由( )组成。

    A. 设备购置费　　　B. 建筑安装工程费　C. 其他费用

    D. 基本预备费　　　E. 铺底流动资金

3. 计算设备进口环节增值税时,作为计算基数的计税价格包括( )。

    A. 外贸手续费　　　B. 到岸价　　　　　C. 设备运杂费

    D. 关税　　　　　　E. 消费税

4. 根据现行建筑安装工程费用项目组成规定,下列费用项目中,属于建筑安装工程企业管理费的是( )。

    A. 仪器仪表使用费　B. 工具用具使用费　C. 建筑安装工程一切险

    D. 地方教育费附加　E. 劳动保险费

5. 下列建设用地费取得费用中,属于征地补偿费的有( )。

    A. 土地补偿费　　　B. 安置补偿费　　　C. 搬迁补偿费

D. 土地管理费　　　E. 土地转让金

6. 根据《建设工程工程量清单计价规范》(GB 50500—2013),关于分部分项工程量清单的编制,下列说法正确的是(　　)。

A. 以质量计算的项目,其计量单位应为吨或千克

B. 以吨为计量单位时,其计算结果应保留三位小数

C. 以立方米为计量单位时,其计算结果应保留三位小数

D. 以千克为计量单位时,其计算结果应保留三位小数

E. 以"个""项"为单位时,应取整数

第2章
建筑面积概述及计算

学习目标

　　了解建筑面积的定义及作用,掌握建筑面积的计算规则,熟悉建筑面积的计算内容,并且能够很熟练地运用规则计算出建筑面积。

学习建议

　　先熟悉房屋的各种结构部位,再熟记建筑面积的计算方法和规则,结合实例进行建筑面积计算的练习。

2.1　建筑面积的定义与作用

2.1.1　建筑面积的概念

　　建筑面积是指建筑物(包含墙体)所形成的楼地面面积。面积是指所占平面图形的大小,建筑面积主要是以墙体围合和楼地面面积(包含墙体的面积),因此计算建筑面积时,首先以外墙结构外围水平面积计算。建筑面积还包括附属于建筑物的室外阳台、雨篷、檐廊、室外走廊、室外楼梯等建筑部件的面积。建筑面积可以分为使用面积、辅助面积和结构面积。

　　①使用面积是指建筑物各层平面布置中,可直接为生产或生活使用的净面积总和。居室净面积在民用建筑中也称为"居住面积",如住宅建筑中的居室、客厅、书房等的面积。

　　②辅助面积是指建筑物各层平面布置中为辅助生产或生活所占净面积的总和,如住宅建筑的楼梯、走道、卫生间、厨房等的面积。

使用面积与辅助面积的总和称为"有效面积"。

③结构面积是指建筑物各层平面布置中的墙体、柱等结构所占面积的总和(不包括抹灰厚度所占的面积)。

2.1.2　建筑面积的作用

建筑面积计算是工程计算的最基础工作,在工程建设中具有重要意义。首先,工程建设的技术经济指标中,大多数以建筑面积为基数,建筑面积是核定估算、概算、预算工程造价的一个重要基础数据,是计算和确定工程造价,并分析工程造价和工程设计合理性的一个基础指标;其次,建筑面积是国家进行建设工程数据统计、固定资产宏观调控的重要指标;再次,建筑面积还是房地产交易、工程承发包交易、建筑工程有关运营费用核定等环节的一个关键指标。

建筑面积的作用,具体有以下几个方面:

1)确定建设规模的重要指标

根据项目立项批准文件所核准的建筑面积,是初步设计的重要控制指标。对于国家投资的项目,施工图的建筑面积不得超过初步设计的5%,否则必须重新报批。

2)确定各项技术经济指标的基础

建筑面积与使用面积、辅助面积、结构面积之间存在着一定的比例关系。设计人员在进行建筑或结构设计时,在计算建筑面积的基础上再分别计算出结构面积、有效面积等技术经济指标。比如,有了建筑面积,才能确定每平方米建筑面积的工程造价。

$$单位面积工程造价 = 工程造价 / 建筑面积$$

还有很多其他的技术经济指标(如每平方米建筑面积的工料用量),也需要建筑面积这一数据。例如:

$$单位建筑面积的材料消耗指标 = 工程材料消耗量 / 建筑面积$$
$$单位建筑面积的人工用量 = 工程人工工日耗用量 / 建筑面积$$

3)评价设计方案的依据

建筑设计和建筑规划中,经常使用建筑面积控制某些指标,如容积率、建筑密度、建筑系数等。在评价设计方案时,通常采用居住面积系数、土地利用系数、有效面积系数、单平方造价等指标,都与建筑面积密切相关。因此,为了评价设计方案,必须准确计算建筑面积。

$$容积率 = 建筑总面积 / 建筑占地面积 × 100\%$$
$$建筑密度 = 建筑物底层面积 / 建筑占地总面积 × 100\%$$

根据有关规定,容积率计算式中建筑总面积不包括地下室、半地下室建筑面积,屋顶建筑面积不超过标准层建筑面积10%的也不计算在内。

4)计算有关分项工程量的依据和基础

在编制一般土建工程预算时,建筑面积是确定一些分项工程量的基本数据。应用统筹计算方法,根据底层建筑面积,就可以很方便地推算出室内回填土面积、地(楼)面面积和天棚面积等。另外,建筑面积也是脚手架、垂直运输机械费用的计算依据。

5)选择概算指标和编制概算的基础数据

概算指标通常是以建筑面积为计量单位。用概算指标编制概算时,要以建筑面积为计算基础。

2.2 建筑面积的计算

2.2.1 建筑面积计算规则与方法

建筑面积计算的一般原则是:凡在结构上、使用上形成具有一定使用功能的建筑物和构筑物,并能单独计算出其水平面积的,应计算建筑面积;反之,不应计算建筑面积。取定建筑面积的顺序为:有围护结构的,按围护结构计算面积;无围护结构、有底板的,按底板计算面积(如室外走廊、架空走廊);底板也不利于计算的,则取顶盖(如车棚、货棚等)计算面积;主体结构外的附属设施按结构底板计算面积。即在确定建筑面积时,围护结构优于底板,底板优于顶盖。因此,有盖无盖不作为计算建筑面积的必备条件,如阳台、架空走廊、楼梯是利用其底板,顶盖只是起遮风挡雨的辅助功能。

建筑面积的计算主要依据现行国家标准《建筑工程建筑面积计算规范》(GB/T 50353—2013)。该规范包括总则、术语、计算建筑面积的规定和条文说明四部分,规定了计算建筑全部面积、计算建筑部分面积和不计算建筑面积的情形及计算规则,适用于新建、扩建和改建的工业与民用建筑工程建设全过程的建筑面积计算。即该规范不仅仅适用于工程造价计价活动,也适用于项目规划、设计阶段,但房屋产权面积计算不适用于该规范。

2.2.2 应计算建筑面积的范围及规则

①建筑物的建筑面积应按自然层外墙结构外围水平面积之和计算。结构层高在 2.20 m 及以上的,应计算全面积;结构层高在 2.20 m 以下的,应计算 1/2 面积。以图 2.1 所示的剖面图和平面图为例,墙厚均为 240 mm,轴线居墙中,其面积为:

$$S = (5.76 + 0.24) \times (9.76 + 0.24) = 60(m^2)$$

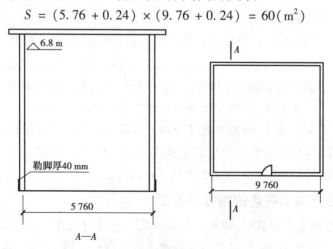

图 2.1　剖面图和平面图

②建筑物内设有局部楼层时,对于局部楼层的二层及以上楼层,有围护结构的应按其围护结构外围水平面积计算,无围护结构的应按其结构底板水平面积计算,且结构层高在2.20 m及以上的应计算全面积,结构层高在2.20 m以下的应计算1/2面积。以图2.2为例,假设局部楼层①、②、③层高均超过2.20 m,则:

首层建筑面积 $= 50 \times 10 = 500(\mathrm{m}^2)$

有围护结构的局部楼层②建筑面积 $= 5.49 \times 3.49 = 19.16(\mathrm{m}^2)$

无围护结构(有围护设施)的局部楼层③建筑面积 $= (5 + 0.1) \times (3 + 0.1) = 15.81(\mathrm{m}^2)$

建筑面积合计 $= 500 + 19.16 + 15.81 = 534.97(\mathrm{m}^2)$

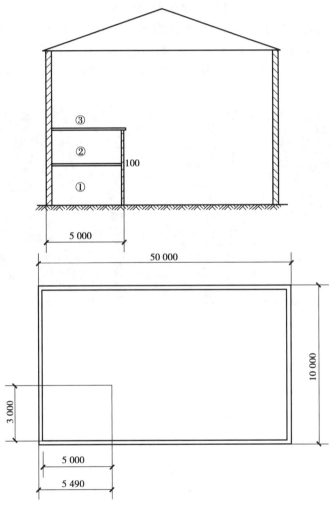

图2.2　某建筑示意图

③形成建筑空间的坡屋顶,结构净高在2.10 m及以上的部位应计算全面积;结构净高在1.20 m及以上至2.10 m以下的部位应计算1/2面积;结构净高在1.20 m以下的部位不应计算建筑面积。以图2.3为例,某建筑物长度18 m,坡屋顶空间的建筑面积为:

$$S_1 = (2.1 + 2.1) \times 18 = 75.6(\mathrm{m}^2)$$

$$S_2 = (1.8 + 1.8) \times 18/2 = 32.4(\text{m}^2)$$
$$S = S_1 + S_2 = 75.6 + 32.4 = 108(\text{m}^2)$$

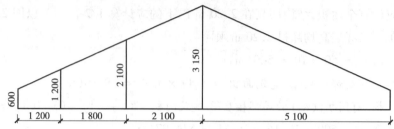

图 2.3　坡屋顶空间示意图

④场馆看台下的建筑空间(图 2.4),结构净高在 2.10 m 及以上的部位应计算全面积;结构净高在 1.20 m 及以上至 2.10 m 以下的部位应计算 1/2 面积;结构净高在 1.20 m 以下的部位不应计算建筑面积。室内单独设置的有围护设施的悬挑看台,应按看台结构底板水平投影面积计算建筑面积。

图 2.4　场馆看台示意图

有顶盖无围护结构的场馆看台(图 2.5)应按其顶盖水平投影面积的 1/2 计算面积。

图 2.5　有顶盖无围护结构的场馆看台示意图

⑤地下室、半地下室应按其结构外围水平面积计算。结构层高在 2.20 m 及以上的,应计算全面积;结构层高在 2.20 m 以下的,应计算 1/2 面积。

⑥出入口外墙外侧坡道有顶盖的部位,应按其外墙结构外围水平面积的 1/2 计算面积,

如图 2.6 所示。

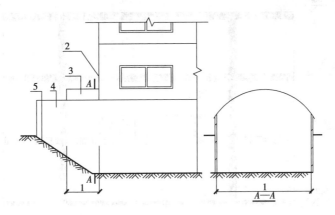

图 2.6 地下室出入口

1—计算 1/2 投影面积部位;2—主体建筑;3—出入口顶盖;

4—封闭出入口侧墙;5—出入口坡道

⑦建筑物架空层及坡地建筑物吊脚架空层,应按其顶板水平投影计算建筑面积。结构层高在 2.20 m 及以上的,应计算全面积;结构层高在 2.20 m 以下的,应计算 1/2 面积。以图 2.7 为例,吊脚架空层的建筑面积为:

$$S = 5.44 \times 2.8 = 15.23(\mathrm{m}^2)$$

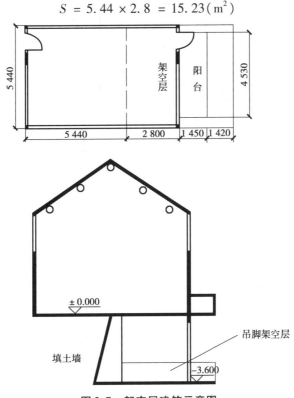

图 2.7 架空层建筑示意图

⑧建筑物的门厅、大厅(图 2.8)应按一层计算建筑面积,门厅、大厅内设置的走廊(图 2.9)应按走廊结构底板水平投影面积计算建筑面积。结构层高在 2.20 m 及以上的,应计算全面积;结构层高在 2.20 m 以下的,应计算 1/2 面积。

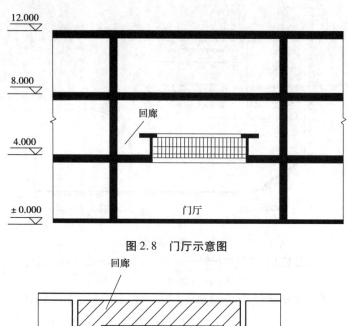

图 2.8　门厅示意图

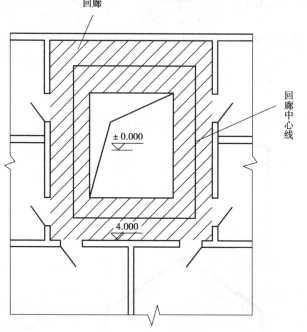

图 2.9　回廊示意图

⑨建筑物间的架空走廊,有顶盖和围护结构的,应按其围护结构外围水平面积计算全面积;无围护结构、有围护设施的,应按其结构底板水平投影面积计算 1/2 面积,如图 2.10、图 2.11 所示。

以图 2.12、图 2.13 为例,墙体厚 240 mm,计算架空通廊的建筑面积:

$$S = 6 \times (3 + 0.24) = 19.44 (\text{m}^2)$$

⑩立体书库、立体仓库、立体车库(图 2.14),有围护结构的应按其围护结构外围水平面积计算建筑面积,无围护结构、有围护设施的应按其结构底板水平投影面积计算建筑面积。无结构层的应按一层计算,有结构层的应按其结构层面积分别计算。结构层高在 2.20 m 及以上的,应计算全面积;结构层高在 2.20 m 以下的,应计算 1/2 面积。

⑪有围护结构的舞台灯光控制室(图 2.15),应按其围护结构外围水平面积计算。结构

层高在 2.20 m 及以上的,应计算全面积;结构层高在 2.20 m 以下的,应计算 1/2 面积。

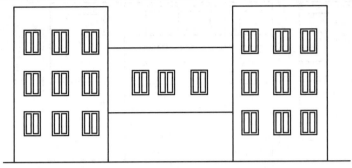

图 2.10 有顶盖和围护结构的架空走廊

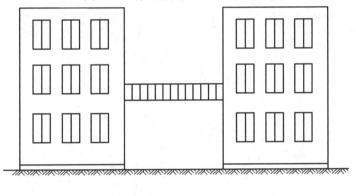

图 2.11 无围护结构的架空走廊

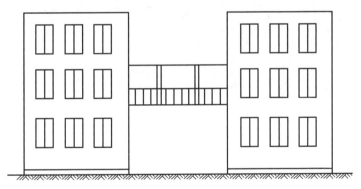

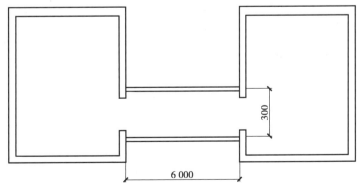

图 2.12 架空走廊平面示意图

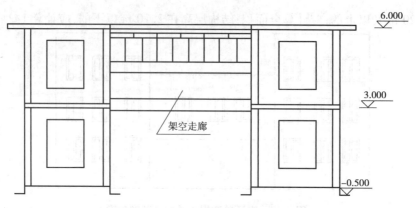

图 2.13　架空走廊剖面示意图

图 2.14　仓库的立体货架示意图

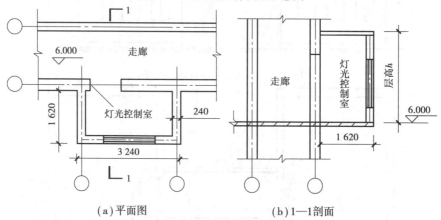

（a）平面图　　　　　　（b）1—1剖面

图 2.15　灯光控制室示意图

⑫附属在建筑物外墙的落地橱窗(图 2.16),应按其围护结构外围水平面积计算。结构层高在 2.20 m 及以上的,应计算全面积;结构层高在 2.20 m 以下的,应计算 1/2 面积。

⑬窗台与室内楼地面高差在 0.45 m 以下且结构净高在 2.10 m 及以上的凸(飘)窗(图 2.17),应按其围护结构外围水平面积计算 1/2 面积。

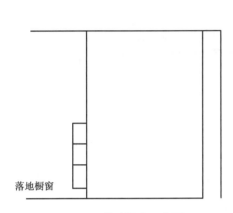
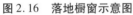

图 2.16　落地橱窗示意图

图 2.17　间断式飘窗与连续式飘窗

⑭有围护设施的室外走廊(挑廊)(图 2.18),应按其结构底板水平投影面积计算 1/2 面积;有围护设施(或柱)的檐廊,应按其围护设施(或柱)外围水平面积计算 1/2 面积。

⑮门斗(图 2.19)应按其围护结构外围水平面积计算建筑面积。结构层高在 2.20 m 及以上的,应计算全面积;结构层高在 2.20 m 以下的,应计算 1/2 面积。

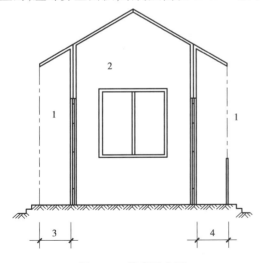

图 2.18　檐廊示意图
1—檐廊;2—室内;3—不计算建筑面积部位;
4—计算 1/2 建筑面积部位

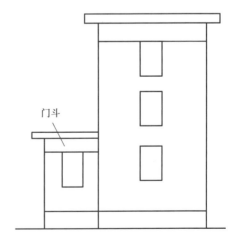

图 2.19　门斗示意图

⑯门廊应按其顶板的水平投影面积的 1/2 计算建筑面积;有柱雨篷应按其结构板水平投影面积的 1/2 计算建筑面积;无柱雨篷的结构外边线至外墙结构外边线的宽度在 2.10 m

及以上的,应按雨篷结构板的水平投影面积的 1/2 计算建筑面积。如图 2.20 所示,雨篷的建筑面积为:

$$S = 2.5 \times 1.5 \times 0.5 = 1.88(\text{m}^2)$$

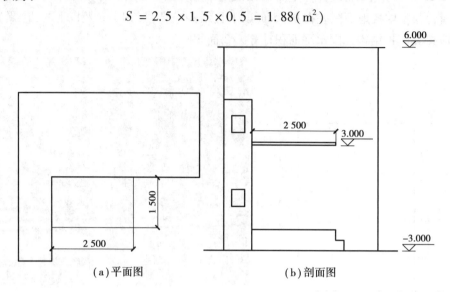

（a）平面图　　　　　　　　（b）剖面图

图 2.20　某雨篷示意图

⑰设在建筑物顶部的、有围护结构的楼梯间、水箱间、电梯机房等(图 2.21),结构层高在 2.20 m 及以上的应计算全面积;结构层高在 2.20 m 以下的,应计算 1/2 面积。

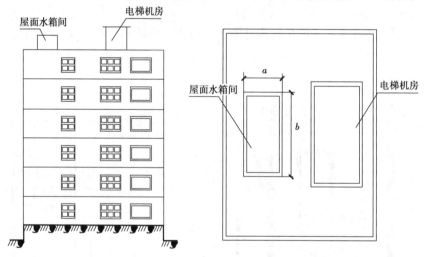

图 2.21　建筑物屋面水箱间、电梯机房建筑面积示意图

⑱围护结构不垂直于水平面的楼层(图 2.22),应按其底板面的外墙外围水平面积计算。结构净高在 2.10 m 及以上的部位,应计算全面积;结构净高在 1.20 m 及以上至 2.10 m 以下的部位,应计算 1/2 面积;结构净高在 1.20 m 以下的部位,不应计算建筑面积。

⑲建筑物的室内楼梯、电梯井、提物井、管道井、通风排气竖井、烟道,应并入建筑物的自然层计算建筑面积。有顶盖的采光井应按一层计算面积,结构净高在 2.10 m 及以上的,应计算全面积;结构净高在 2.10 m 以下的,应计算 1/2 面积。以图 2.23、图 2.24 为例,建筑面积为:

$$S_1 = 15 \times 10 \times 9 = 1\ 350(\mathrm{m}^2)$$
$$S_2 = 1 \times 1 \times 9 = 9(\mathrm{m}^2)$$

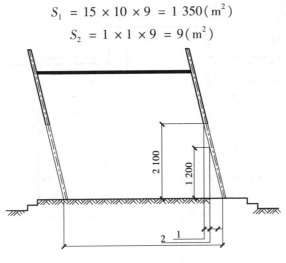

图 2.22　围护结构示意图

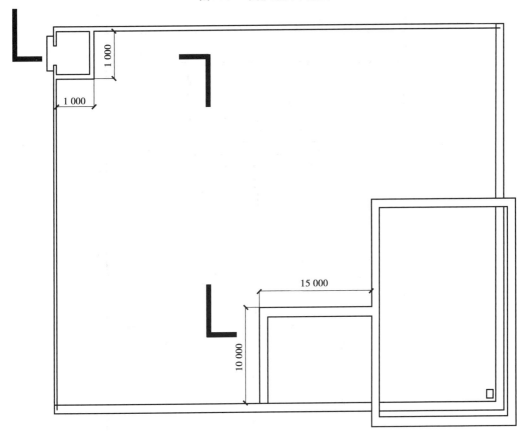

图 2.23　室内电梯井、垃圾道平面示意图

⑳在主体结构内的阳台,应按其结构外围水平面积计算全面积;在主体结构外的阳台,应按其结构底板水平投影面积计算 1/2 面积。

以图 2.25 为例,阳台建筑面积为:

$$S = 3.4 \times 1.2 \times 2 + 1.5 \times 4.4 \times 0.5 \times 2 = 14.76(\mathrm{m}^2)$$

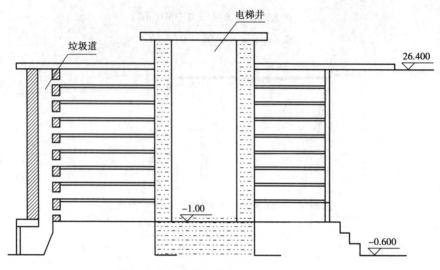

图 2.24　室内电梯井、垃圾道剖面示意图

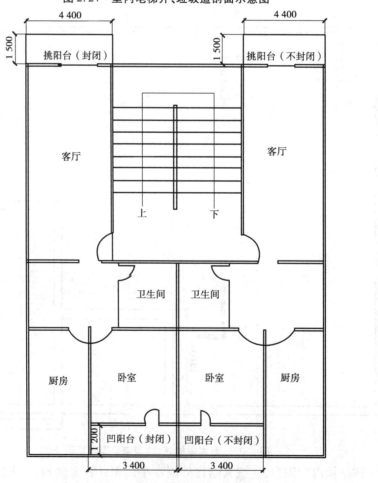

图 2.25　建筑物阳台平面示意图

㉑室外楼梯应并入所依附建筑物自然层,并应按其水平投影面积的 1/2 计算建筑面积。但室外楼梯无顶盖时,应将顶层楼梯视为顶盖,按两层计算其建筑面积。以图 2.26 为例,建

筑面积为：

$$S = (4 - 0.12 + 0.12) \times (6.8 + 0.24) \times 0.5 = 14.08(\text{m}^2)$$

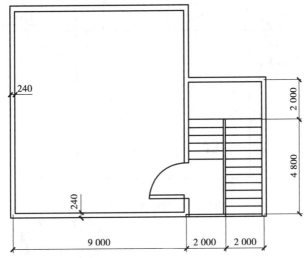

图 2.26　室外楼梯平面示意图

㉒有顶盖无围护结构的车棚、货棚、站台、加油站、收费站等，应按其顶盖水平投影面积的 1/2 计算建筑面积。以图 2.27、图 2.28 所示，建筑面积为：

$$S = (24 + 0.3 + 0.5 \times 2) \times (8 + 0.3 + 0.5 \times 2) \times 0.5 = 117.65(\text{m}^2)$$

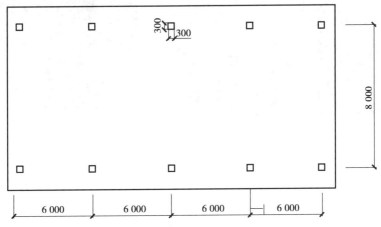

图 2.27　货棚平面示意图

㉓以幕墙作为围护结构的建筑物(图 2.29、图 2.30)，应按幕墙外边线计算建筑面积。

㉔建筑物的外墙外保温层(图 2.31)，应按其保温材料的水平截面积计算，并计入自然层建筑面积。

㉕与室内相通的变形缝，应按其自然层合并在建筑物建筑面积内计算。对于高低联跨的建筑物，当高低跨内部连通时，其变形缝应计算在低跨面积内。

㉖对于建筑物内的设备层、管道层、避难层等有结构层的楼层(图 2.32)，结构层高在 2.20 m 及以上的，应计算全面积；结构层高在 2.20 m 以下的，应计算 1/2 面积。

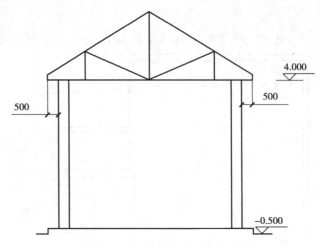

图 2.28　货棚剖面示意图

图 2.29　围护性幕墙示意图

图 2.30　装饰性幕墙示意图

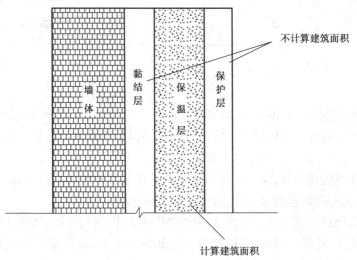

图 2.31　外墙外保温层示意图

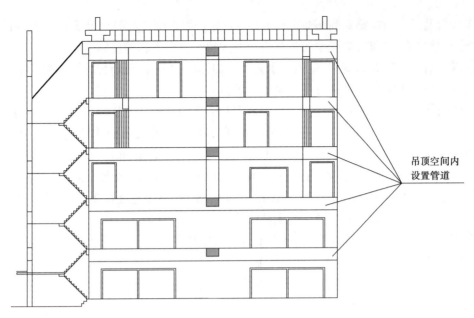

图 2.32 管道层立面示意图

2.2.3 不应计算建筑面积的范围

①与建筑物内不相连通的建筑部件。建筑部件指的是依附于建筑物外墙外,不与户室开门连通,起装饰作用的敞开式挑台(廊)、平台,以及不与阳台相通的空调室外机搁板(箱)等设备平台部件。

"与建筑物内不相连通"是指没有正常的出入口。即通过门进出的,视为"连通";通过窗或栏杆等翻出去的,视为"不连通"。

②骑楼、过街楼底层的开放公共空间和建筑物通道。骑楼指建筑底层沿街面后退且留出公共人行空间的建筑物,如图 2.33(a)所示。过街楼指跨越道路上空并与两边建筑相连接的建筑物,如图 2.33(b)所示。建筑物通道指为穿过建筑物而设置的空间。

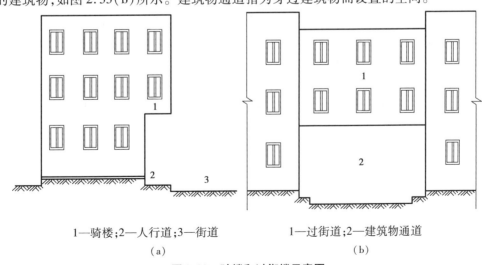

1—骑楼;2—人行道;3—街道   1—过街道;2—建筑物通道
　　　　(a)　　　　　　　　　　　　　　　　(b)

图 2.33 骑楼和过街楼示意图

③舞台及后台悬挂幕布和布景的天桥、挑台等。如影剧院的舞台及为舞台服务的可供上人维修、悬挂幕布、布置灯光及布景等搭设的天桥和挑台等构件设施。

④露台、露天游泳池、花架、屋顶的水箱及装饰性结构构件。露台是设置在屋面、首层地面或雨篷上的供人室外活动的有围护设施的平台。

⑤建筑物内的操作平台、上料平台、安装箱和罐体的平台。建筑物内不构成结构层的操作平台、上料平台(包括工业厂房、搅拌站和料仓等建筑中的设备操作控制平台、上料平台等),其主要作用是为室内构筑物或设备服务的独立上人设施,因此不计算建筑面积。

⑥勒脚、附墙柱(指非结构性装饰柱)、垛、台阶、墙面抹灰、装饰面、镶贴块料面层、装饰性幕墙,主体结构外的空调室外机搁板(箱)、构件、配件,挑出宽度在 2.10 m 以下的无柱雨篷和顶盖高度达到或超过两个楼层的无柱雨篷。

⑦窗台与室内地面高差在 0.45 m 以下且结构净高在 2.10 m 以下的凸(飘)窗,窗台与室内地面高差在 0.45 m 及以上的凸(飘)窗。

⑧室外爬梯、室外专用消防钢楼梯。专用的消防钢楼梯是不计算建筑面积的。当钢楼梯是建筑物通道,兼顾消防用途时,则应计算建筑面积。

⑨无围护结构的观光电梯。

⑩建筑物以外的地下人防通道,独立的烟囱、烟道、地沟、油(水)罐、气柜、水塔、贮油(水)池、贮仓、栈桥等构筑物。

本章小结

建筑面积是指建筑物各层水平面积的总和,包括使用面积、辅助面积和结构面积。使用面积是指建筑物各层平面中直接为生产和生活使用的净面积。辅助面积是指建筑物各层平面中为辅助生产或辅助生活所占的净面积,如居住建筑物中的楼梯、走道、厕所、厨房所占的面积。使用面积和辅助面积的总和称为"有效面积"。结构面积是指建筑物各层平面中墙、柱等结构所占的面积。

建筑面积与实用面积及实用率计算有直接关系,是一个表示建筑物建筑规模大小的经济指标,也是以平方米反映房屋建筑建设规模的实物量指标。每层建筑面积按建筑物勒脚以上外墙所围的水平截面进行计算。

建筑面积作为一个技术经济指标使用于建设工程中的各个领域,也是国家宏观调控的重要指标之一。它是反映建筑物建筑规模的技术参数,在房地产市场中作为一项基础性指标,是政府、开发商及购房人比较关心的核心数据。

课后习题

1.求如图 2.34 所示的单层工业厂房高跨部分及低跨部分的建筑面积。

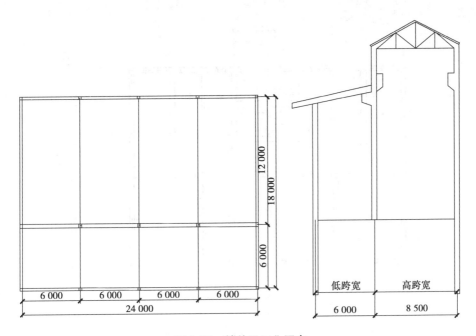

图 2.34　某单层工业厂房

2. 如图 2.35 所示,计算高低联跨的单层建筑物的建筑面积。

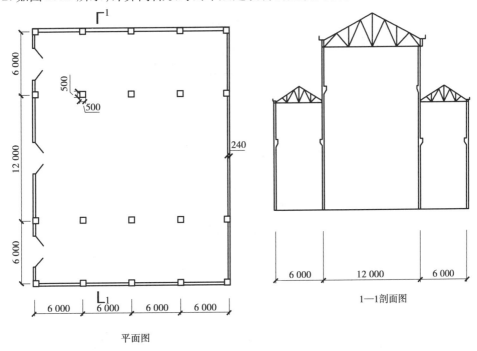

图 2.35　某建筑示意图

3. 某 6 层砖混结构住宅楼,二至六层建筑平面图均相同,如图 2.36 所示。阳台为不封闭阳台,首层无阳台,其他均与二层相同。计算其建筑面积。

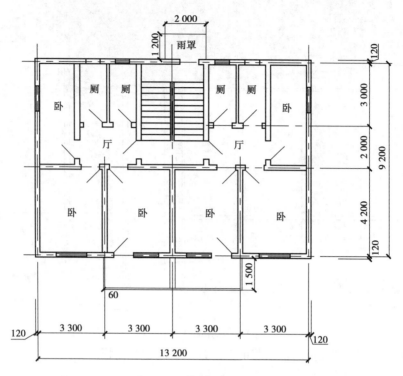

图 2.36 某住宅楼平面图

4. 求如图 2.37 所示的室外楼梯建筑面积。

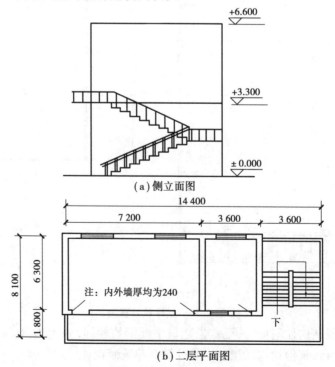

（a）侧立面图

（b）二层平面图

图 2.37 某建筑楼梯示意图

5. 求如图 2.38 所示的建筑物的建筑面积。

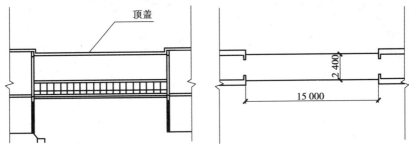

图 2.38　某建筑物立面图、平面图

6. 某单层建筑物外墙轴线尺寸如图 2.39 所示,墙厚均为 240 mm,轴线居中,试计算建筑面积。

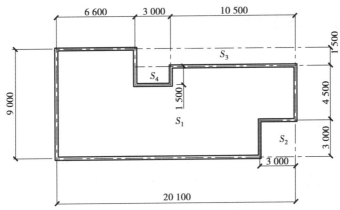

图 2.39　某建筑物平面图

7. 某 5 层建筑物的各层建筑面积一样,底层外墙尺寸如图 2.40 所示,墙厚均为 240 mm,轴线居中,试计算建筑面积。

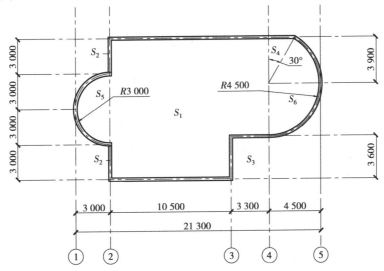

图 2.40　某建筑物平面图

第3章

房屋建筑工程计量

学习目标

　　了解房屋建筑工程的各分部分项工程主要内容,熟悉各分部工程的工程量清单项目设置情况,掌握各清单项目的工程量计算规则。

学习建议

　　本章是工程计量中非常重要的一章,建筑工程计量的核心是计算工程量,不管是定额计价还是清单计价,都需要遵照计算规则,正确计算工程量。

3.1　土石方工程

　　所谓土石方工程,即采用人工和机械的方法,对天然土(石)体进行必要的挖、运、填,以及配套的平整、夯实等。土石方工程在分类上包括土方工程、石方工程及回填三部分。工程量计算主要包括平整场地、挖沟槽土方、挖基坑土方、挖一般土方、土方回填、余土弃置。

3.1.1　土方工程的工程量清单编制及工程量计算规则

1)工作内容及计算规则

　　①平整场地是指工程破土开工前,对施工现场 ±300 mm 以内高低不平的部位进行就地挖、运、填及找平,挖、填土方厚度超过 ±300 mm 以外时,按场地土方平衡竖向布置图另行计算。计算规则为按图示尺寸以建筑物首层建筑面积计算,工作内容包括土方挖填、场地找平及土方运输。

　　②挖沟槽土方,当图示底宽不大于 7 m 且底长大于 3 倍底宽为沟槽时,如图 3.1 所

示,计算规则为按设计图示尺寸以基础垫层底面积乘以挖土深度计算(注:沟槽底宽不包括工作面的宽度)。

工作内容包括排地表水、土方开挖、围护(挡土板)、支撑、基底钎探(在基础开挖达到设计标高后,按规定对基础底面以下的土层进行探察,确认是否存在坑穴、古墓、古井、防空掩体及地下埋设物等,见图3.2)、运输。

图 3.1　沟槽　　　　　　　　　　　图 3.2　基底钎探

③挖基坑土方,当图示底长≤3 倍底宽且底面积≤150 m² 为基坑,如图 3.3 所示。(注:坑底面积的长、宽均不包含两边工作面的宽度。计算规则、工作内容同挖沟槽土方。)

图 3.3　基坑

④挖一般土方,凡图示沟槽底宽大于 7 m,坑底面积大于 150 m²,平整场地挖土方厚度大于 300 mm 的均为一般挖土方项目。计算规则按设计图示尺寸以体积计算,常按场地土方平衡竖向布置图以方格网法计算。工作内容同挖沟槽土方。

根据图纸判断挖沟槽、基坑等的顺序是:先根据尺寸判断是否为沟槽,若不是再判断是否为基坑,若也不是就属于挖一般土方项目。

⑤冻土开挖计算规则按设计图示尺寸开挖面积乘厚度,以体积计算。工作内容包括爆破、开挖、清理、运输。

⑥挖淤泥、流沙计算规则按设计图示位置、界限,以体积计算。工作内容包括开挖和运输。

⑦管沟土方的计算规则为:a.以米计量,按设计图示以管道中心线长度计算。b.以体积

计算,按设计图示管底垫层面积乘以挖土深度,以体积计算;无管底垫层按管外径的水平投影面积乘以挖土深度计算。不扣除各类井的长度,井的土方并入。工作内容包括排地表水、土方开挖、围护(挡土板)、支撑、运输、回填。

2)注意事项

①挖土方平均厚度应按自然地面测量标高至设计地坪标高间的平均厚度确定。基础土方开挖深度应按基础垫层底表面标高至交付施工场地标高确定,无交付施工场地标高时,应按自然地面标高确定。

②土石方工程中土壤的分类方法见表3.1,挖掘土壤类别不同,单价不同。

表3.1 土壤分类表

土壤划分	土壤名称	开挖方法
一、二类土	粉土、砂土(粉砂、细砂、中砂、粗砂、砾砂)、粉质黏土、弱中盐渍土、软土(淤泥质土、泥炭、泥炭质土)、软塑红黏土、冲填土	主要用锹,少许用镐、条锄开挖;机械能全部直接铲挖满载者
三类土	黏土、碎石土(圆砾、角砾)、混合土、可塑红黏土、硬塑红黏土、强盐渍土、素填土、压实填土	主要用镐、条锄,少许用锹开挖;机械需部分刨松方能铲挖满载者或可直接铲挖但不能满载者
四类土	碎石土(卵石、碎石、漂石、块石)、坚硬红黏土、超盐渍土、杂填土	全部用镐、条锄挖掘,少许用撬棍挖掘;机械须普遍刨松方能铲挖满载者

③土方体积应按挖掘前的天然密实体积计算,如需按天然密实体积折算时,应按表3.2中系数计算。

表3.2 土方体积折算系数表

天然密实度体积	虚方体积	夯实后体积	松填体积
1.00	1.30	0.87	1.08
0.77	1.00	0.67	0.83
1.15	1.50	1.00	1.25
0.92	1.20	0.80	1.00

注:虚方指未经碾压、堆积时间不大于1年的土壤。

④放坡系数的规定。由于土质的不同,挖土时若遇到松散易坍塌的土,为保持基槽、地坑侧壁的稳定,常将上口放宽,侧壁成为一个斜坡,即为放坡。值得注意的是,挖土在清单计算规则中不考虑放坡,而在定额或实际施工时需考虑。是否放坡或上口放多宽应视挖土深度和土的类别,结合施工组织设计来确定。若施工组织设计无明确规定时,放坡的起点及放坡的坡度系数 k 按表3.3选用,k 表示深度为1 m应放出的宽度。即当挖土深度为 H 时,应放出的宽度则为 kH。

表 3.3　土方开挖工程放坡系数表

土壤类别	放坡起点深度（m）	人工挖土放坡系数 k	机械挖土放坡系数 k		
			在坑内作业	在坑上作业	顺沟槽在坑上作业
一、二类土	1.20	0.50	0.33	0.75	0.5
三类土	1.50	0.33	0.25	0.67	0.33
四类土	2.00	0.25	0.10	0.33	0.25

注:①放坡起点深度是指挖土方时,各类土超过表中的放坡起点深时,才能按表中的系数计算放坡工程量。例如,图中若是三类土时,$H > 1.50$ m 才能计算放坡。

②计算放坡时,沟槽交接处的重复工程量不予扣除。放坡高度应自垫层下面至室外设计地坪标高计算,原槽、坑做基础垫层时,放坡从垫层上表面开始计算。

③沟槽、基坑中土壤类别不同时,分别按其放坡起点、放坡系数,依不同土壤厚度加权平均计算。

④从图 3.4 中可以看出,放坡宽度 b 与深度 H 和放坡角度 α 之间的关系是正切函数关系,即 k(放坡系数) $= \tan \alpha = b/H$。

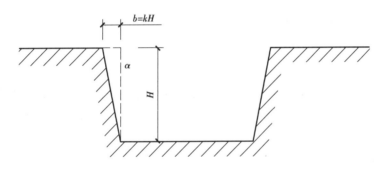

图 3.4　放坡角度与宽度关系示意图

⑤工作面的规定。工作面是指槽、坑内结构施工时,需要增加的工作面。值得注意的是,挖土在清单计算规则中不考虑工作面,而在定额或实际施工时需考虑。所需增加的工作面,按施工组织设计规定计算,如无规定,按表 3.4 计算。

表 3.4　基础施工所需工作面宽度计算表

基础材料	每边各增加工作面宽度（mm）
砖基础	200
浆砌毛石、条石基础	150
混凝土基础垫层支模板	300
混凝土基础支模板	300
基础垂直面做防水层	1 000（防水层面）

⑥管沟施工每侧所需工作面宽度计算见表 3.5。

表3.5　管沟施工每侧所需工作面宽度计算表

管沟材料	管道结构宽(mm)			
	≤500	>500~≤1 000	>1 000~≤2 500	>2 500
混凝土及钢筋混凝土管道	400	500	600	700
其他材质管道	300	400	500	600

注:管道结构宽,有管座的按基础外缘计算,无管座的按管道外径计算。

3.1.2　石方工程的工程量清单编制及工程量计算规则

1)工作内容及计算规则

①挖一般石方(沟槽、基坑、一般石方的划分同挖土方)计算规则按设计图示尺寸以体积计算。工作内容包括排地表水、凿石、运输。

②挖沟槽(基坑)石方计算规则同土方工程,按图示尺寸以底面积乘以挖石深度以体积计算。工作内容同①。

③管沟石方的相关规定及计算规则同土方工程。工作内容包括排地表水、凿石、回填、运输。

2)注意事项

①挖石深度应按自然地面测量标高至设计地坪标高的平均厚度确定。基础石方开挖深度应按基础垫层底表面标高至交付施工现场地标高确定,无交付施工场地标高时,应按自然地面标高确定。

②岩石的分类按表3.6确定。

表3.6　岩石分类表

岩石分类		代表性岩石	开挖方法
极软岩		①全风化的各种岩石; ②各种半成岩	部分用手凿工具、部分用爆破法开挖
软质岩	软岩	①强风化的坚硬岩或较硬岩; ②中等风化—强风化的较软岩; ③未风化—微风化的页岩、泥岩、泥质砂岩等	用风镐和爆破法开挖
	较软岩	①中等风化—强风化的坚硬岩或较硬岩; ②未风化—微风化的凝灰岩、千枚岩、泥灰岩、砂质泥岩等	用爆破法开挖
硬质岩	较硬岩	①微风化的坚硬岩; ②未风化—微风化的大理岩、板岩、石灰岩、白云岩、钙质砂岩等	用爆破法开挖
	坚硬岩	未风化—微风化的花岗岩、闪长岩、辉绿岩、玄武岩、安山岩、片麻岩、石英岩、石英砂岩、硅质砾岩、硅质石灰岩等	用爆破法开挖

③石方体积折算系数按表3.7确定。

表3.7 石方体积折算系数表

石方类型	天然密实度体积	虚方体积	松填体积	码 方
石方	1.0	1.54	1.31	
块石	1.0	1.75	1.43	1.67
砂夹石	1.0	1.07	0.94	

3.1.3 回填工程量清单编制及工程量计算规则

①回填方(施工中完成基础等地面以下工程后,再返还填实的土)工作内容包括运输、回填、压实。计算规则:按设计图示尺寸,以体积计算,包括以下方面:

a.场地回填:回填面积乘平均回填厚度。

b.室内回填:主墙间面积乘回填厚度,不扣除间隔墙。

c.基础回填:挖方体积减去自然地坪以下埋设的基础体积(包括基础垫层及其他构筑物)。

②余方弃置计算规则按挖方清单项目工程量减利用回填方体积(正数)计算,工作内容是余方点装料运输至弃置点。如需买土回填应在回填方项目中注明来源及买土方数量。

3.1.4 工程定额计算规则与清单计算规则不同之处

①定额在计算各种挖土方项目时,若不支挡土板及其他挡土方式时需考虑工作面并按放坡开挖计算;若支挡土板开挖,需在其他已有工作面的基础上每边另加100 mm计算,此时不用考虑放坡。

a.沟槽土石方,按设计图示沟槽长度乘以沟槽断面面积(考虑工作面、放坡等),以体积计算。条形基础的沟槽长度,设计无规定时,按下列规定计算:

外墙沟槽,按外墙中心线长度计算。突出墙面的墙垛,按墙垛突出墙面的中心线长度,并入相应工程量内计算。

内墙沟槽、框架间墙沟槽,按基础(含垫层)之间垫层(或基础底)的净长度计算。

b.基坑土石方,按设计图示基础(含垫层)尺寸,另加工作面宽度、土方放坡宽度或石方允许超挖量乘以开挖深度,以体积计算。

c.一般土石方,按设计图示基础(含垫层)尺寸,另加工作面宽度、土方放坡宽度或石方允许超挖量乘以开挖深度,以体积计算。机械上下行驶坡道的土方或石方,其开挖工程量合并在相应工程量内计算。

d.基坑土方大开挖后再挖沟槽、基坑,其深度以大开挖后底面标高至沟槽、基坑底面标高计算。

②基础施工需搭设脚手架时,基础施工的工作面宽度,条形基础按1.5 m计算(只计算一面),独立基础按0.45 m计算(四面均计算)。

③基坑土方大开挖需做边坡支护时或基坑内施工各种桩时,基础施工的工作面宽度按

2.00 m 计算。

④计算基础土方放坡时,放坡自基础(含垫层)底面开始计算。土方放坡的起点深度和放坡坡度,不同于清单,土壤类别仅分为两类,见表3.8。

表3.8　土方放坡起点深度和放坡坡度表

土壤类别	放坡起点深度(m)	人工挖土	机械挖土		
			在坑内作业	在坑上作业	顺沟槽在坑上作业
一、二类土	1.20	1:0.50	1:0.33	1:0.75	1:0.50
三、四类土	1.70	1:0.30	1:0.18	1:0.50	1:0.30

⑤挖沟槽土方需考虑工作面、是否放坡或支挡土板等情况,以下是分别考虑这些后挖沟槽土方的计算公式,如图3.5所示。

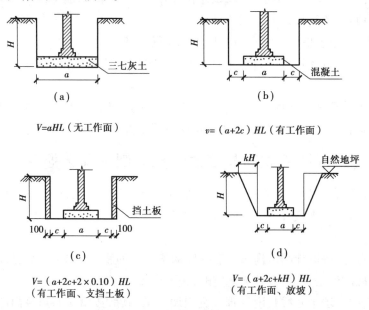

图3.5　沟槽土方计算公式

说明:

a 为基础垫层(基础)底部宽度。c 为方便基础施工而留设的操作空间,称为工作面;当基础施工中无须留设工作面时,$c=0$。k 为放坡系数。H 为槽底面至设计室外地坪的高度。L 为沟槽长度,外墙按外墙的中心线 L 中,内墙按基础(含垫层)之间垫层(或基础底)的净长度计算。内外突出部分(垛、附墙烟囱等)体积并入沟槽土方工程量内计算。

⑥挖基坑土方需考虑工作面、是否放坡或支挡土板等情况,以下是分别考虑这些后挖基坑土方的计算公式,如图3.6所示。

a.施工方案不放坡、不支挡土板时,土方开挖的工程量为:

$$V = (A + 2C) \times (B + 2C) \times H$$

式中　A、B——基础(或垫层)底长、宽;

　　　C——基础施工所需工作面;

H——挖土深度(从垫层底至设计室外地坪或施工场地标高)。

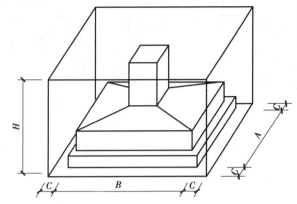

图 3.6　挖土方工程量

b.施工方案采用四面支挡土板时,土方开挖的工程量为:

$$V = (A + 2C + 2b) \times (B + 2C + 2b) \times H$$

式中　b——挡土板厚(一般 b 可以取 100 mm);

　　　A、B、C、H 含义同上。

c.施工方案采用四面放坡时,土方开挖的工程量(图 3.7)为:

$$V = (A + 2C + kH_2) \times (B + 2C + kH_2) \times H_2 + \frac{1}{3}k^2H_2^3$$

式中　k——放坡系数;

　　　H_2——垫层底面至室外地坪的深度或施工场地标高。

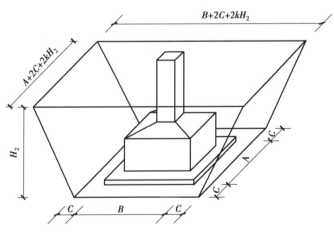

图 3.7　挖土方放坡计算

【**例** 3.1】如图 3.8 所示,土壤类别为二类土,求建筑物人工平整场地工程量,并列出相关工程量清单表。

【**解**】人工平整场地工程量 = (31.2 + 0.24) × (17.4 + 0.24) - (7.2 - 0.24) × 8.4 × 2

　　　　　　　　　　　　　　= 437.67(m²)

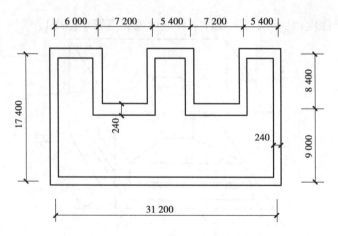

图 3.8 某建筑物底层平面示意图

人工平整场地的工程量清单见表 3.9。

表 3.9 分部分项工程清单表

项目编码	项目名称	项目特征描述	计量单位	工程量
010101001001	平整场地	二类土	m^2	437.67

【例 3.2】某建筑物基础平面及剖面如图 3.9 所示。已知土壤类别为Ⅱ类土,土方运距 3 km,条形基础下设 C15 素混凝土垫层。试计算其挖基础土方的清单工程量,并列出挖基础土方清单表。

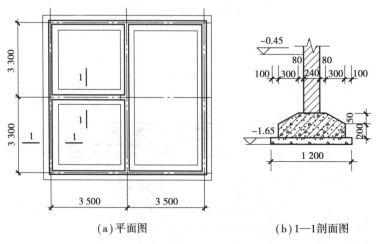

(a)平面图   (b)1—1剖面图

图 3.9 某建筑物基础平面及剖面图

【解】由图 3.9 可以看出,本工程设计为带形基础。为保证挖土体积的准确计算,外墙基础挖土方长取外墙中心线长,内墙基础挖土方长取垫层间净长。本例题中,外墙墙厚 240 mm,其中线与定位轴线重合,则外墙中心线长即为定位轴线长。

外墙中心线长 $= (3.5 \times 2 + 3.3 \times 2) \times 2 = 13.6 \times 2 = 27.2(m)$

内墙垫层间净长 $= (3.5 - 0.6 \times 2) + (3.3 \times 2 - 0.6 \times 2) = 7.7(m)$

挖基础土方清单工程量 = 基础垫层长 × 基础垫层宽 × 挖土深度

$$= (27.2 + 7.7) \times 1.2 \times (1.65 - 0.45)$$
$$= 34.9 \times 1.2 \times 1.2 = 50.26 (\text{m}^3)$$

挖基础土方工程量清单见表 3.10。

表 3.10　分部分项工程量清单表

序号	项目编码	项目名称	项目特征描述	计量单位	工程量
1	010101003001	挖沟槽土方	土壤类别:Ⅱ类土; 基础类型:钢筋混凝土条形基础; 素混凝土垫层:长度 34.9 m,宽度 1.20 m; 挖土深度:1.2 m; 弃土运距:3 km	m²	50.26

【例 3.3】 某工程柱下基础如图 3.10 所示,共 18 个。根据地质资料,确定柱基础为人工放坡开挖,工作面每边增加 0.3 m,自垫层以上开始放坡,放坡系数为 0.33,试计算独立基础挖土方工程量及清单工程量。

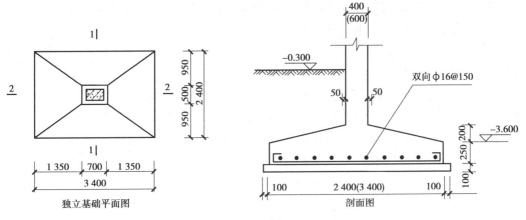

独立基础平面图　　　　　剖面图

图 3.10　基础图

【解】 挖独立基础土方清单工程量 $3.6 \times 2.6 \times (3.6 + 0.1 - 0.3) \times 18 = 572.83 (\text{m}^3)$

挖独立基础土方定额工程量 $[(3.6 + 0.3 \times 2) \times (2.6 + 0.3 \times 2) \times 0.1 + (3.6 + 0.3 \times 2 + 3.3 \times 0.33) \times (2.6 + 0.3 \times 2 + 3.3 \times 0.33) \times 3.3 + 1/3 \times 0.33 \times 0.33 \times 3.3 \times 3.3 \times 3.3] \times 18 = 1\,395.14 (\text{m}^3)$

3.2　地基处理与边坡支护工程

3.2.1　地基处理的工程量清单编制及工程量计算规则

在清单中地基处理部分包括换填垫层、铺设土工合成材料、预压地基、强夯地基、振冲密实、振冲桩、沙石桩、水泥粉煤灰碎石桩、深层搅拌桩、粉喷桩、夯实水泥土桩、高压喷射注浆桩、石灰桩、灰土挤密桩、柱锤冲扩桩、注浆地基、褥垫层共 17 个分项工程。

①换填垫层：将基础地面以下一定范围内的软弱土挖去，然后回填强度高，压缩性较低，并且没有侵蚀性的材料，计量单位为 m^3。工程量计算规则：按设计图示尺寸，以体积计算。其工作内容包括分层填铺、碾压、振密或夯实及材料运输。

②铺设土工合成材料：作为一种土木工程材料，它是以人工合成的聚合物，如塑料、化纤、合成橡胶等为原料，制成各种类型的产品，置于土体内部、表面或各种土体之间，发挥加强或保护土体的作用，计量单位为 m^2。工程量计算规则：按设计图示尺寸，以面积计算。其工作内容包括挖填锚固沟、铺设、固定及运输。

③预压地基、强夯地基、振冲密实(不填料)的计量单位为 m^2。工程量计算规则：按设计图示处理范围，以面积计算。

a. 预压地基：在含有饱和水的软黏土或冲积土地基中，打入一批排水砂井，桩顶铺设砂垫层，先在砂垫层上分期加荷预压，使土层中孔隙水不断通过砂井上升，至砂垫层排出地表，在建筑物施工之前，地基土大部分先期排水固结，减小建筑物的沉降量，增强了地基稳定性。这种施工方法适用于处理深厚软土和冲填土地基。工作内容包括设置排水竖井、盲沟、滤水管；铺设砂垫层、密封膜，堆载、卸载或抽气设备安拆、抽真空；材料运输。

b. 强夯地基：用起重机械将夯锤起吊到 6~30 m 高度后，自由落下，给地基土以强大的冲击能量的夯击，迫使土层空隙压缩，孔隙水和气体逸出，从而提高地基承载力。工作内容包括铺设夯填材料、强夯、夯填材料运输。

c. 振冲密实(不填料)是使用振冲器反复水平振动来加固地基，其工作内容包括振冲加密及泥浆运输。

④振冲桩(填料)、砂石桩的计量单位为 m 或 m^3。工程量计算规则：以米计量，按设计图示尺寸，以桩长计算；以立方米计量，按设计桩截面乘以桩长(包括桩尖)，以体积计算。

a. 振冲桩(填料)即使用振冲法成孔，灌注填料加以振密所形成的桩体，工作内容包括振冲成孔、填料、振实；材料运输；泥浆运输。

b. 砂石桩即以碎石、卵石为主要材料制成的地基加固桩，工作内容包括成孔、填充、振实、材料运输。

⑤水泥粉煤灰碎石桩(CFG 桩)即以一定配合比的石屑、粉煤灰和少量的水泥加水拌和后制成的一种具有一定胶结强度的桩体，计量单位为 m。工程量计算规则：按设计图示以桩长(包括桩尖)计算。工作内容包括成孔、混合材料制作、灌桩、养护。

⑥深层搅拌桩即利用水泥作为固化剂，通过深层搅拌机械在地基将软土或沙等和固化剂强制拌和，使软基硬结而提高地基强度，计量单位为 m。工程量计算规则：按设计图示以桩长计算。工作内容包括预搅下钻、水泥浆制作、喷浆搅拌提升成桩、材料运输。

⑦粉喷桩又称加固土桩，采用粉体状固化剂来进行软基搅拌处理的方法。适合于加固淤泥、淤泥质土、粉土和含水量较高的黏性土，计量单位为 m。工程量计算规则：按设计图示以桩长计算。工作内容包括预搅下钻、喷粉搅拌提升成桩、材料运输。

⑧夯实水泥土桩即用人工或机械成孔，选用相对单一的土质材料，与水泥按一定配比，在孔外充分拌和均匀制成水泥土，分层向孔内回填并强力夯实，制成均匀的水泥土桩，计量单位为 m。工程量计算规则：按设计图示以桩长(包括桩尖)计算。工作内容包括成孔、夯底、水泥土拌和、填料、夯实、材料运输。

⑨高压喷射注浆桩(图3.11),即利用钻机钻孔,把带有喷嘴的注浆管插至土层的预定位置后,以高压设备使浆液成为高压射流,浆液凝固后,便在土中形成一个固结体与桩间土一起构成复合地基,从而提高地基承载力,达到地基加固的目的。高压喷射注浆类型包括旋喷、摆喷、定喷,注浆方法包括单管法、双重管法、三重管法,计量单位为 m。工程量计算规则:按设计图示以桩长计算。工作内容包括成孔、水泥浆制作、高压喷射注浆、材料运输。

⑩石灰桩(图3.12),是指在地基中成孔后,灌入生石灰块或在生石灰块中掺入适量的水硬性掺合料,如粉煤灰、火山灰等,经振密或夯压后形成的桩柱体,计量单位为 m。工程量计算规则:按设计图示以桩长(包括桩尖)计算。工作内容包括成孔、混合料制作、运输、夯填。

图3.11　高压喷射注浆桩　　　　　图3.12　石灰桩

⑪灰土挤密桩即利用锤击将钢管打入土中,使之侧向挤密成孔,将管拔出后,在桩孔中分层回填灰土夯实而成。灰土挤密桩与桩间土共同组成复合地基,以承受上部载荷,计量单位为 m。工程量计算规则:按设计图示以桩长(包括桩尖)计算。工作内容包括成孔、灰土拌和、运输、填充、夯实。

⑫柱锤冲扩桩(图3.13),指反复将柱状重锤提到高处使其自由落下冲击成孔,然后分层夯实填料形成扩大桩体,与桩间土组成复合地基的地基处理方法,计量单位为 m。工程量计算规则:按设计图示以桩长计算。工作内容包括安拔套管、冲孔、填充、夯实、桩体材料制作、运输。

图3.13　柱锤冲扩桩

⑬注浆地基即将配置好的化学浆液或水泥浆液,通过导管注入土体间隙中,与土体结合,发生物化反应,从而提高土体强度,计量单位为 m 或 m³。工程量计算规则:以米计量,按设计图示尺寸以钻孔深度计算;以立方米计量,按设计图示尺寸以加固体积计算。工作内容包括成孔、注浆导管制作、安装、浆液制作、压浆、材料运输。

⑭褥垫层(图3.14),计量单位为 m² 或 m³。工程量计算规则:以平方米计量,按设计图示尺寸以铺设面积计算;以立方米计量,按设计图示尺寸以体积计算。工作内容包括材料拌和、运输、铺设、压实。

图3.14 褥垫层

3.2.2 基坑与边坡支护工程的工程量清单编制及工程量计算规则

在清单中涉及的基坑与边坡支护项目包括地下连续墙、咬合灌注桩、圆木桩、预制钢筋混凝土板桩、型钢桩、钢板桩、锚杆(锚索)、土钉、喷射混凝土、水泥砂浆、钢筋混凝土支撑、钢支撑共11项。

①地下连续墙(图3.15),即沿着深开挖工程的周边轴线,在泥浆护壁条件下,开挖出一条狭长的深槽,清槽后,在槽内吊放钢筋笼,然后用导管法灌筑水下混凝土筑成一个单元槽段,如此逐段进行,在地下筑成一道连续的钢筋混凝土墙壁,作为截水、防渗、承重、挡水结构,计量单位为 m³。工程量计算规则:按设计图示墙中心线长乘以厚度乘以槽深,以体积计

图3.15 地下连续墙

算。工作内容包括:导墙挖填、制作、安装、拆除;挖土成槽、固壁、清底置换;混凝土制作、运输、灌注、养护;接头处理;土方、废泥浆外运;打桩场地硬化及泥浆地、泥浆沟。

注意:地下连续墙的钢筋网、锚杆支护、土钉支护的锚杆及钢筋网片等,应按"混凝土及钢筋混凝土工程"中的钢筋工程量清单项目编码列项。

地下连续墙项目适用于各种导墙施工的复合型地下连续墙工程。

②咬合灌注桩(图3.16),即相邻混凝土桩间部分圆周相嵌,桩身密排且相邻桩桩身相割形成的具有防渗作用的连续挡土支护结构,计量单位为 m 或根。以米计量,按设计图示尺寸以桩长(包括桩尖)计算;以根计量,按设计图示数量计算。工作内容包括:成孔、固壁;混凝土制作、运输、灌注、养护;套管压拔;土方、废泥浆外运;打桩场地硬化及泥浆池、泥浆沟。

图 3.16 咬合灌注桩   图 3.17 预制钢筋混凝土板桩

③预制钢筋混凝土板桩(图3.17),即由钢筋混凝土板桩构件沉桩后形成的组合桩体,是一种易工厂化,装配化的基坑围护结构,计量单位为 m 或根。以米计量,按设计图示尺寸以桩长(包括桩尖)计算;以根计量,按设计图示数量计算。工作内容包括:工作平台拆搭;桩机竖拆、移位;沉桩;接桩。

④圆木桩,计量单位为 m 或根。以 m 计量,按设计图示尺寸以桩长(包括桩尖)计算;以根计量,按设计图示数量计算。工作内容包括:工作平台搭拆;桩机竖拆、移位;桩靴安装;沉桩。

⑤型钢桩,计量单位为 t 或根。以吨计量,按设计图示尺寸以质量计算;以根计量,按设计图示数量计算。工作内容包括:工作平台搭拆;桩机竖拆、移位;打、拔桩;接桩;刷防护材料。

⑥钢板桩(图3.18),即带有锁口的一种型钢,其截面有直板形、槽形及 Z 形等,有各种大小尺寸及联锁形式,可以自由组合以便形成一种连续紧密的挡土或者挡水墙的钢结构体,计量单位为 t 或 m^2。以吨计量,按设计图示尺寸以质量计算;以平方米计量,按设计图示墙中心线长乘以桩长以面积计算。工作内容包括:工作平台搭拆;桩机竖拆、移位;打拔钢板桩。

图 3.18　钢板桩

⑦锚杆(图3.19),当采用钢绞线或高强度纲丝束作杆体材料时又称锚索,作为深入地层的受拉构件,它一端与工程构筑物连接,另一端深入地层中,整根锚杆分为自由段和锚固段,自由段是指将锚杆头处的拉力传至锚固体的区域,其功能是对锚杆施加预应力,计量单位为 m 或根。以米计量,按设计图示尺寸以钻孔深度计算;以根计量,按设计图示数量计算。工作内容包括:钻孔、浆液制作、运输、压浆;锚杆、锚索制作、安装;如是预应力锚杆需张拉锚固;锚杆、锚索施工平台搭设、拆除。

注意:锚杆支护项目适用于岩石高削坡混凝土支护挡土墙和风化岩石混凝土、砂浆护坡。

图 3.19　锚杆

图 3.20　土钉

⑧土钉(图3.20),即基坑边坡通过由钢筋制成的土钉进行加固,边坡表面铺设一道钢筋网再喷射一层混凝土面层和土方边坡相结合的边坡加固型支护施工方法,计量单位及计算规则同锚杆。工作内容包括:钻孔、浆液制作、运输、压浆;土钉制作、安装;土钉施工平台搭设、拆除。土钉的置入方法包括钻孔置入、打入或射入等。

钻孔、布筋、锚杆安装、灌浆、张拉等搭设的脚手架,应列入措施项目清单中。锚杆支护、土钉支护的锚杆及钢筋网片等,应按"混凝土及钢筋混凝土工程"中的钢筋工程量清单项目编码列项。

⑨喷射混凝土(图3.21)、水泥砂浆,即用压力喷枪喷涂灌筑细石混凝土或水泥砂浆,计

量单位为 m²。按设计图示尺寸以面积计算。工作内容:修整边坡;混凝土或砂浆制作、运输、喷射、养护;钻排水孔、安装排水管;喷射施工平台搭设、拆除。

注意:喷射混凝土、水泥砂浆的钢筋网应按"混凝土及钢筋混凝土工程"中的钢筋工程量清单项目编码列项。

图 3.21　喷射混凝土　　　　　　　　图 3.22　混凝土支撑

⑩混凝土支撑(图 3.22),即地基与基础中用来水平支撑四周地下墙体的支撑梁结构,整个受力体系称为混凝土支撑体系,计量单位为 m³,按设计图示尺寸以体积计算。工作内容包括:模板、支架或支撑制作、安装、拆除、堆放、运输及清理模内杂物、刷隔离剂等;混凝土制作、运输、浇筑、振捣、养护。

⑪钢支撑,计量单位为 t,按设计图示尺寸以质量计算。不扣除孔眼质量,焊条、铆钉、螺栓等不另增加质量。工作内容包括:支撑、铁件制作(摊销、租赁);支撑、铁件安装;探伤;刷漆;拆除;运输。

3.2.3　工程定额计算规则与清单计算规则的区别

①强夯地基:区别不同夯击能量和夯点密度,计算规则按设计图示强夯处理范围、夯击遍数,以面积计算,设计无规定时,按建筑物外围轴线每边各加 4 m 计算。

②填料桩、灰土桩、砂石桩、碎石桩、水泥粉煤灰碎石桩,计算规则同清单不同,按设计桩长(包括桩尖)乘以桩截面(或钢管钢箍最大外径截面积),以体积计算。

③搅拌桩计算规则:

a.深层搅拌水泥桩、高压旋喷水泥桩,按设计桩长加 50 cm 乘以桩截面积,以体积计算。

b.三轴水泥搅拌桩(图 3.23),是长螺旋桩机的一种,同时有三个螺旋钻孔,施工时三条螺旋钻孔同时向下施工,利用搅拌桩机将水泥喷入土体并充分搅拌,使软土硬结而提高地基强度。做法有两种:一种中间不插型钢,只作为止水用;另一种是搅拌桩桩体内插 H 型钢,既可以止水也可以作挡土墙,适用于挖深较浅的基坑(图 3.24),按设计桩长加 50 cm 乘以桩截面积,以体积计算,其中插、拔型钢桩按设计图示尺寸,以质量计算。

④地下连续墙:

a.现浇导墙混凝土按设计图示尺寸,以体积计算。

b.成槽按设计长度乘以墙厚及成槽深度,以体积计算。

c.锁口管按段(指槽壁单元槽段)计算,锁口管吊拔按连续墙段数计算。

图 3.23　三轴水泥搅拌桩　　　　　　图 3.24　搅拌桩内插 H 型钢

d.清底置换按段计算。

e.连续墙混凝土按设计长度乘以墙厚及墙深加 0.5 m,以体积计算。

f.凿地下连续墙超灌混凝土,按设计规定计算。设计无规定时,按墙体断面面积乘以 0.50 m,以体积计算。

⑤打拔钢板桩按设计图示尺寸,以质量计算。安、拆导向夹具按设计图示尺寸,以长度计算。

⑥土钉与锚杆:

a.土钉、锚杆的钻孔、灌浆,按设计图示钻孔深度,以长度计算。

b.钢筋锚杆、钢管锚杆、锚索按设计图示尺寸(包括外锚段),以质量计算。

c.锚头制作、安装、张拉、锁定按设计图示数量,以套计算。

⑦挡土板按设计图示尺寸或施工组织设计支挡范围,以面积计算。

【例 3.4】某工程采用 42.5 MPa 硅酸盐水泥喷粉桩,水泥掺量为桩体的 14%,桩长 9.00 m,桩截面直径 1.00 m,共 50 根,桩顶标高 -1.80 m,室外地坪标高 -0.30 m。编制工程量清单。

【解】粉喷桩工程量 =9.00 m×50 =450.00 m,工程量清单见表 3.11。

表 3.11　分部分项工程量清单

序号	项目编码	项目名称	项目特征描述	计量单位	工程量
1	010201010 001	粉喷桩	(1)桩长:9 m;(2)粉体种类:硅酸盐水泥; (3)水泥掺量:14%;(4)水泥强度等级:42.5 MPa	m	450.00

3.3　桩基工程

3.3.1　桩基工程的工程量清单编制及工程量计算规则

1)打桩

打桩包括预制钢筋混凝土方桩、预制钢筋混凝土管桩、钢管桩、截(凿)桩头四个部分。

①预制钢筋混凝土方桩(图 3.25)及预制钢筋混凝土管桩(图 3.26)的计量单位为 m、根、m³。计算规则以 m 计算,按设计图示尺寸以桩长(包括桩尖)计算;以根计算,按设计图示数量计算;以 m³ 计算,按设计图示截面积乘以桩长(包括桩尖)以实体体积计算。

图 3.25　预制钢筋混凝土方桩　　　　图 3.26　预制钢筋混凝土管桩

工作内容包括:工作平台搭拆;桩机竖拆、移位沉桩;接桩;送桩。预制钢筋混凝土管桩内部需填充材料及刷防护材料。

②钢管桩(图 3.27)的计量单位为 t、根。计算规则以吨计算,按设计图示尺寸以质量计算;以根计算,按设计图示数量计算。工作内容包括:工作平台搭拆;桩机竖拆、移位;沉桩;接桩;送桩;切割钢管、精割盖帽;管内取土;填充材料、刷防护材料。

图 3.27　钢管桩　　　　　　　　　图 3.28　截桩头

③截(凿)桩头(图 3.28),即桩基施工的时候为了保证桩头质量,桩顶标高一般都要高出设计标高。例如灌注桩,因为在灌注混凝土时,桩底的沉渣和灌注过程中泥浆中沉淀的杂质会在混凝土表面形成一定厚度,一般称浮浆,那么当混凝土凝固以后,就要将超灌部分凿除,将桩顶标高以上的主筋(钢筋)露出来,进行桩基检测合格后,进行承台的施工,计量单位为 m³、根。计算规则以立方米计算,按设计桩截面乘以桩头长度,以体积计算;以根计量,按设计图示数量计算。工作内容包括截桩头;凿平;废料外运。

2) 灌注桩

灌注桩包括泥浆护壁成孔灌注桩、沉管灌注桩、干作业成孔灌注桩、挖孔桩土(石)方、人工挖孔灌注桩、钻孔压浆桩、灌注桩后压浆七个部分。

①泥浆护壁成孔灌注桩,即在泥浆护壁条件下成孔,采用水下灌注混凝土的桩。其成孔方法包括冲击钻成孔、冲抓锥成孔、回旋钻成孔、潜水钻成孔、泥浆护壁的旋挖成孔等,计量单位为 m、m³ 及根。计算规则以米计算,按设计图示尺寸以桩长(包括桩尖)计算;以立方米计算,按不同截面在桩上范围内以体积计算;以根计量,按设计图示数量计算。工作内容包括:护筒埋设;成孔、固壁;混凝土制作、运输、灌注、养护;土方、废泥浆外运;打桩场地硬化及泥浆池、泥浆沟。

②沉管灌注桩(图3.29),即采用与桩的设计尺寸相适应的钢管,在端部套上桩尖后沉入土中后,在钢管内吊放钢筋骨架,然后边浇筑混凝土边振动或锤击拔管,利用拔管时的振动捣实混凝土而形成所需要的灌注桩。这种施工方法适用于在有地下水、流沙、淤泥的情况,沉管方法包括捶击沉管法、振动沉管法、振动冲击沉管法、内夯沉管法等,计量单位为 m、m³ 及根。计算规则以米计算,按设计图示尺寸以桩长(包括桩尖)计算;以立方米计算,按不同截面在桩上范围内以体积计算;以根计量,按设计图示数量计算。工作内容包括打(沉)拔钢管;桩尖制作、安装;混凝土制作、运输、灌注、养护。

图3.29　沉管灌注桩

③干作业成孔灌注桩是指不用泥浆护壁和套管护壁的情况下,用钻机成孔后,下钢筋笼,灌注混凝土的桩,适用于地下水位以上的土层使用。其成孔方法包括螺旋钻成孔、螺旋钻成孔扩底、干作业的旋挖成孔等,计量单位为 m、m³ 及根。计算规则以米计算,按设计图示尺寸以桩长(包括桩尖)计算;以立方米计算,按不同截面在桩上范围内,以体积计算;以根计量,按设计图示数量计算。工作内容包括:成孔、扩孔;混凝土制作、运输、灌注、振捣、养护。

④挖孔桩土(石)方的计量单位为 m³。计算规则按设计图示尺寸截面积乘以挖孔深度,以立方米计算。工作内容包括:排地表水;挖土、凿石;基底钎探;运输。

⑤人工挖孔灌注桩,计量单位为 m³、根。计算规则以立方米计量,按桩芯混凝土体积计算;以根计量,按设计图示数量计算。工作内容包括:护壁制作;混凝土制作、运输、灌注、振捣、养护。

⑥钻孔压浆桩,即在灌注桩施工中将钢管沿桩钢筋笼外壁埋设,桩混凝土强度满足要求

后,将水泥浆液通过钢管由压力作用压入桩端的碎石层孔隙中,使得原本松散的沉渣、碎石、土粒和裂隙胶结成一个高强度桩,计量单位为 m、根。计算规则以米计算,按设计图示尺寸以桩长计算;以根计量,按设计图示数量计算。工作内容包括钻孔、下注浆管、投放骨料、浆液制作、运输、压浆。

⑦柱底注浆即灌注桩后压浆,通过埋管把配置好的水泥砂浆用一定压力强行注入桩端土层或者桩周土体,以提高土层承载力及桩与土之间的摩阻力,达到提高桩极限承载力的目的,计量单位为孔。计算规则按设计图示以注浆孔数计算。工作内容包括注浆导管制作、安装;浆液制作、运输、压浆。

3.3.2 工程定额计算规则

1)打桩部分

①打、压预制钢筋混凝土桩不同于清单是以体积计算,按设计桩长(包括桩尖)乘以桩截面面积计算。

②送桩按桩截面面积乘以送桩长度(即设计桩顶标高至打桩前的自然地坪标高另加 0.5 m)计算。

③电焊接桩按设计要求的接桩头数量,以根计算;硫黄胶泥接桩按桩断面面积计算。

④预制混凝土桩截桩按设计要求截桩的数量计算。截桩长度 ≤1 m 时,不扣减相应桩的打桩工程量;截桩长度 >1 m 时,其超过部分按实扣减打桩工程量,但桩体的材料费不扣除。

⑤预制混凝土桩凿桩头按设计图示桩截面积乘以凿桩头长度,以体积计算。凿桩头长度设计无规定时,桩头长度按桩体高 40d(d 为桩体主筋直径,主筋直径不同时取大者)计算;灌注混凝土桩凿桩头,按设计超灌高度(设计无规定按 0.5 m)乘以桩身设计截面积以体积计算。

⑥桩头钢筋整理,按所整理的桩的数量计算。

2)灌注桩部分

①机械成孔工程量分别按进入土层和岩石层的成孔长度乘以设计桩径截面积,以体积计算。

②钻孔桩、旋挖桩、冲孔桩灌注混凝土工程量按设计桩径截面积乘以设计桩长另加加灌长度,以体积计算。加灌长度设计无规定的,按 0.5 m 计算。

③沉管成孔工程量按打桩前自然地坪标高至设计桩底标高(不包括预制桩尖)的成孔长度乘以钢管外径截面积,以体积计算。

④沉管桩灌注混凝土工程量按钢管外径截面积乘以设计桩长(不包括预制桩尖)另加加灌长度,以体积计算。加灌长度设计无规定的,按 0.5 m 计算。

⑤人工挖孔桩土石方工程量,按设计图示桩断面面积(含桩壁)分别乘以土层、岩石层的成孔中心线长度,以体积计算。

⑥人工挖孔桩模板工程量,按现浇混凝土桩壁与模板的接触面积计算。

⑦人工挖孔桩混凝土桩壁、砖桩壁工程量分别按设计图示截面积乘以设计桩长另加加

灌长度,以体积计算。人工挖孔桩桩芯工程量按设计图示截面积乘以设计桩长另加加灌长度,以体积计算。加灌长度设计无规定的,按0.25 m计算。

⑧机械成孔桩、人工挖孔桩,设计要求扩底时,扩底工程量按设计图示尺寸,以体积计算,并入相应的工程量内。

⑨注浆管、声测管埋设工程量按打桩前的自然地坪标高至设计桩底标高另加0.5 m,以长度计算。

⑩桩底(侧)后压浆工程量按设计注入水泥用量,以质量计算。

【例3.5】某工程用打桩机打如图3.30所示钢筋混凝土预制方桩,共50根,求其清单工程量。

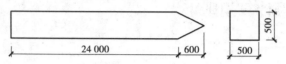

图3.30 钢筋混凝土预制方桩

【解】工程量 = $0.5 \times 0.5 \times (24 + 0.6) \times 50$
$= 307.5(\mathrm{m}^3)$

【例3.6】某工程有钻孔桩100条,设计桩径为60 cm,设计桩长平均为25 m,求钻孔桩的清单工程量。

【解】钻孔桩工程量 = $3.14 \times (0.6/2)^2 \times 25 \times 100$
$= 706.5(\mathrm{m}^3)$

3.4 砌筑工程

砌筑工程清单分部工程包括砖砌体、砌块砌体、石砌体、垫层。

3.4.1 砖砌体部分清单项目设置及计算规则

1)砖基础

砖基础项目适用于各种类型砖基础:柱基础、墙基础、管道基础等。其工程量按设计图示尺寸,以体积计算,单位:m^3。工作内容包括砂浆制作、运输,砌砖,防潮层铺设,材料运输。

①包括附墙垛基础宽出部分体积,扣除地梁(圈梁)、构造柱所占体积,不扣除基础大放脚T形接头处的重叠部分及嵌入基础内的钢筋、铁件、管道、基础砂浆防潮层和单个面积 ≤ $0.3 \mathrm{m}^2$ 的孔洞所占体积,靠墙暖气沟的挑檐不增加。

②基础长度:外墙基础按外墙中心线,内墙基础按内墙净长线计算。

③基础与墙(柱)身使用同一种材料时,以设计室内地面为界(有地下室者,以地下室室内设计地面为界,见图3.31),以下为基础,以上为墙(柱)身。基础与墙身使用不同材料时,位于设计室内地面高度 ≤ ±300 mm 时,以不同材料为分界线,高度 > ±300 mm 时,以设计室内地面为分界线。砖围墙应以设计室外地坪为界,以下为基础,以上为墙身。

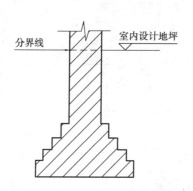
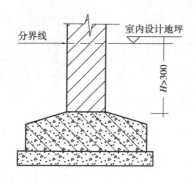

图 3.31　基础与墙身划分图

2)墙

实心砖墙如图 3.32 所示,多孔砖墙如图 3.33 所示,空心砖墙如图 3.34 所示。

图 3.32　实心砖墙　　　　　图 3.33　多孔砖墙　　　　　图 3.34　空心砖墙

①计算规则。按设计图示尺寸,以体积计算,单位:m³。扣除门窗洞口、过人洞、空圈、嵌入墙内的钢筋混凝土柱、梁、圈梁、挑梁、过梁及凹进墙内的壁龛、管槽、暖气槽、消火栓箱所占体积。不扣除梁头、板头、檩头、垫木、木楞头、沿椽木、木砖、门窗走头、砖墙内加固钢筋、木筋、铁件、钢管及单个面积≤0.3 m² 的孔洞所占体积,如图 3.35 所示。凸出墙面的腰线、挑檐、压顶、窗台线、虎头砖、门窗套的体积也不增加。凸出墙面的砖垛并入墙体体积内计算。附墙烟囱、通风道、垃圾道、应按设计图示尺寸以体积(扣除孔洞所占体积)计算并入所依附的墙体体积内。当设计规定孔洞内需抹灰时,应按"墙、柱面装饰与隔断、幕墙工程"中零星抹灰项目编码列项。

②墙长度。外墙按中心线,内墙按净长线计算。

③墙高度计算规则见表 3.12。

a.外墙:斜(坡)屋面无檐口天棚算至屋面板底;有屋架且室内外均有天棚算至屋架下弦底另加 200 mm;无天棚算至屋架下弦底另加 300 mm,出檐宽度超过 600 mm 时按实砌高度计算;有钢筋混凝土楼板隔层算至板顶;平屋面算至钢筋混凝土板底。

b.内墙:位于屋架下弦算至屋架下弦底;无屋架算至天棚底另加 100 mm;有钢筋混凝土楼板隔层算至楼板顶;有框架梁时算至梁底。

c.女儿墙:从屋面板上表面算至女儿墙顶面(如有混凝土压顶时算至压顶下表面)。

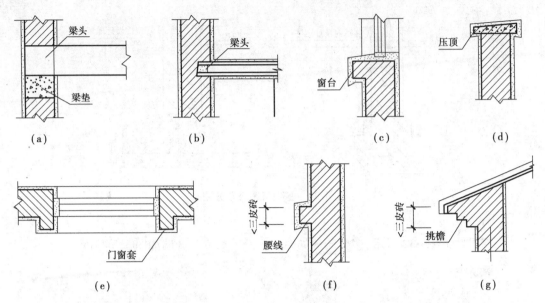

图 3.35 梁头、窗台、门窗套等示意图

表 3.12 墙高度计算规则

墙类别	屋面形式	檐 口	计 算 规 则	备 注
外墙	坡屋面	无檐口天棚	算至屋面板底	图 A
		有屋架，且室内外均有天棚	算至屋架下弦底面再加 200 mm	图 B
		有屋架，无天棚	算至屋架下弦底面再加 300 mm	图 C
	平屋面		算至钢筋混凝土板底面	图 D
内墙	坡屋面	位于屋架下弦	其高度算至屋架底	图 E
		无屋架	算至天棚底面再加 100 mm	图 F
	平屋面	有钢筋混凝土楼板隔层	算至板顶	图 G
女儿墙			自外墙顶面至图示女儿墙顶面高度	图 H

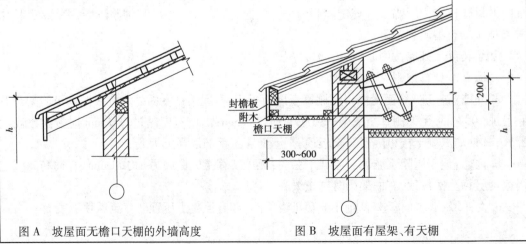

图 A 坡屋面无檐口天棚的外墙高度   图 B 坡屋面有屋架、有天棚

续表

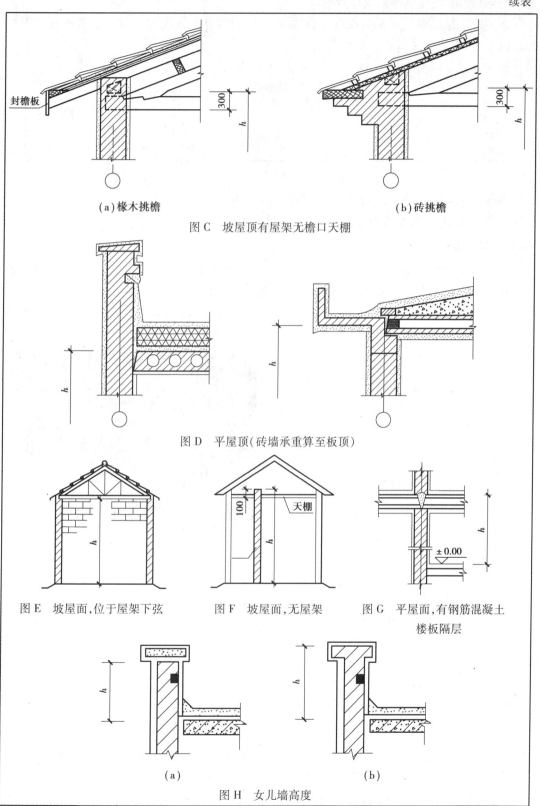

（a）椽木挑檐　　　　　　　　　　　　　（b）砖挑檐

图 C　坡屋顶有屋架无檐口天棚

封檐板

图 D　平屋顶（砖墙承重算至板顶）

图 E　坡屋面，位于屋架下弦　　图 F　坡屋面，无屋架　　图 G　平屋面，有钢筋混凝土楼板隔层

天棚

±0.00

（a）　　　　　　　　　　　　　　　（b）

图 H　女儿墙高度

d. 内、外山墙:按其平均高度计算。

④围墙。高度算至压顶上表面(如有混凝土压顶时算至压顶下表面),围墙柱并入围墙体积内。

标准砖尺寸应为240 mm×115 mm×53 mm。标准砖墙厚度应按表3.13计算。

表3.13　标准砖墙厚度表

砖数(厚度)	$\frac{1}{4}$	$\frac{1}{2}$	$\frac{3}{4}$	1	$1\frac{1}{2}$	2	$1\frac{1}{2}$	3
计算厚度(mm)	53	115	180	240	365	490	615	740

⑤框架间墙。此项不分内外墙,按墙净尺寸以体积计算。

工作内容包括:砂浆制作、运输,砌砖,刮缝,砖压顶砌筑,材料运输。

3)其他墙体

①空斗墙(图3.36)。按设计图示尺寸以空斗墙外形体积计算,单位:m³。墙角、内外墙交接处、门窗洞口立边、窗台砖、屋檐处的实砌部分体积并入空斗墙体积内。

②空花墙(图3.37)。按设计图示尺寸以空花部分外形体积计算,单位:m³。不扣除空洞部分体积。

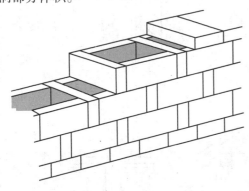

图3.36　空斗墙　　　　　　　　　　图3.37　空花墙

③填充墙。按设计图示尺寸以填充墙外形体积计算,单位:m³。

工作内容包括:砂浆制作、运输,砌砖,装填充料,刮缝,材料运输。

4)实心砖柱、多孔砖柱

按设计图示尺寸以体积计算,扣除混凝土及钢筋混凝土梁垫、梁头、板头所占体积,单位:m³。

工作内容包括:砂浆制作、运输,砌砖,刮缝,材料运输。

5)零星砌砖

按零星项目列项的有:框架外表面的镶贴砖部分,空斗墙的窗间墙、窗台下、楼板下、梁头下等的实砌部分,台阶、台阶挡墙、梯带、锅台、炉灶、蹲台、池槽、池槽腿、砖胎模、花台、花池、楼梯栏板、阳台栏板、地垄墙、≤0.3 m²的孔洞填塞等。

以上项目中砖砌锅台与炉灶可按外形尺寸以设计图示数量计算,单位:个;砖砌台阶可按图示尺寸水平投影面积计算,单位:m²;小便槽、地垄墙可按图示尺寸以长度计算,单位:m;其他工程按图示尺寸截面积乘以长度以体积计算,单位:m³。工作内容同实心砖柱。

6)砖检查井、散水、地坪、地沟、明沟、砖砌挖孔桩护壁

①砖检查井以座为单位,按设计图示数量计算。工作内容包括:土方挖、运;砂浆制作、运输;铺设垫层;底板混凝土制作、运输、浇筑、振捣、养护;砌砖;刮缝;井池底、壁抹灰、抹防潮层、回填、材料运输。

②砖散水、地坪以 m² 为单位,按设计图示尺寸以面积计算。工作内容包括:土方挖、运;地基找平、夯实;铺设垫层;砌砖散水、地坪;抹砂浆面层。

③砖地沟、明沟以 m 为单位,按设计图示以中心线长度计算。工作内容包括:土方挖、运;铺设垫层;底板混凝土制作、运输、浇筑、振捣、养护;砌砖;刮缝、抹灰;材料运输。

④砖砌挖孔桩护壁以 m³ 按设计图示尺寸以体积计算。工作内容包括:砂浆制作、运输;砌砖;材料运输。

3.4.2　砌块砌体部分清单项目设置及计算规则

1)砌块墙

砌块墙(图 3.38)计算规则及规定同实心砖墙、多孔砖墙、空心砖墙项目,工作内容包括:砂浆制作、运输;砌砖、砌块;勾缝;材料运输。

图 3.38　砌块墙

2)砌块柱

砌块柱计算规则及其他规定同实心砖柱及多孔砖柱。

①砌块排列应上、下错缝搭砌,如果搭错缝长度满足不了规定的压搭要求,应采取压砌钢筋网片的措施,具体构造要求按设计规定。若设计无规定时,应注明由投标人根据工程实际情况自行考虑。

②砌体垂直灰缝宽>30 mm 时,采用 C20 细石混凝土灌实,灌注的混凝土按混凝土的相关项目编码列项。

3.4.3　石砌体部分清单项目设置及计算规则

1)石基础

石基础项目适用于各种规格(粗料石、细料石等)、各种材质(砂石、青石等)和各种类型

（柱基、墙基、直形、弧形等）的基础。其工程量按设计图示尺寸以体积计算，单位：m^3。包括附墙垛基础宽出部分体积，不扣除基础砂浆防潮层及单个面积≤0.3 m^2 的孔洞所占体积，靠墙暖气沟的挑檐不增加。

①基础长度：外墙按中心线，内墙按净长计算，如图3.39所示。

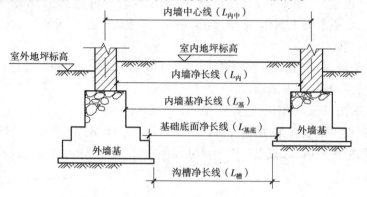

图 3.39 基础长度示意图

②石基础、石勒脚、石墙身的划分：基础与勒脚应以设计室外地坪为界，勒脚与墙身应以设计室内地坪为界。石围墙内外地坪标高不同时，应以较低地坪标高为界，以下为基础；内外标高之差为挡土墙时，挡土墙以上为墙身。基础垫层包括在基础项目内，不计算工程量。

工作内容包括：砂浆制作、运输、吊装，砌石，防潮层铺设，材料运输。

2）石勒脚

勒脚是建筑物的外墙与室外地面或散水部分的接触墙体部位的加厚部分，石勒脚项目适用于各种规格（粗料石、细料石等）、各种材质（砂石、青石、大理石、花岗石等）和各种类型（直形、弧形等）的勒脚。其工程量按设计图示尺寸以体积计算，单位：m^3。扣除单个面积 > 0.3 m^2 的孔洞所占体积。

3）石墙

石墙项目适用于各种规格（粗料石、细料石等）、各种材质（砂石、青石、大理石、花岗石等）和各种类型（直形、弧形等）的墙体。其计算规则及相关规定同实心砖墙、多孔砖墙、空心砖墙。

石勒脚（图3.40）和石墙（图3.41）的工作内容包括：砂浆制作、运输；吊装；砌石；石表面加工、勾缝、材料运输。

图 3.40 石勒脚

图 3.41 石墙

4)石挡土墙

石挡土墙项目适用于各种规格(粗料石、细料石、块石、毛石、卵石等)、各种材质(砂石、青石、石灰石等)和各种类型(直形、弧形、台阶形等)的挡土墙。其工程量按设计图示尺寸以体积计算,单位:m³。石梯的两侧面,形成的两个直角三角形,称为石梯膀(图3.42),应按石挡土墙项目编码列项。工作内容包括:砂浆制作、运输;吊装;砌石;变形缝、泄水孔、压顶抹灰;滤水层;勾缝;材料运输。

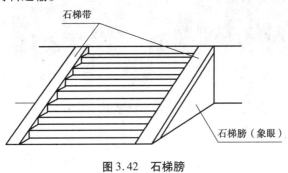

图 3.42　石梯膀

5)石柱

石柱项目适用于各种规格、各种石质、各种类型的石柱。其工程量按设计图示尺寸以体积计算,单位:m³。

6)石栏杆

石栏杆(图3.43)项目适用于无雕饰的一般石栏杆。其工程量按设计图示以长度计算,单位:m。

7)石护坡

石护坡项目适用于各种石质和各种石料(粗料石、细料石、片石、块石、毛石、卵石等),其工程量按设计图示尺寸以体积计算,单位:m³。

石柱、石栏杆、石护坡的工作内容包括:砂浆制作、运输;吊装;砌石;石表面加工;勾缝;材料运输。

8)石台阶

石台阶(图3.44)项目包括石梯带(垂带),不包括石梯膀,其工程量按设计图示尺寸以体积计算,单位:m³。

9)其他

①石坡道。按设计图示尺寸以水平投影面积计算,单位:m²。工作内容包括:铺设垫层、石料加工;砂浆制作、运输;砌石;石表面加工;勾缝;材料运输。

②石地沟、石明沟。按设计图示以中心线长度计算,单位:m。工作内容包括:土方挖、运;砂浆制作、运输;铺设垫层;砌石;石表面加工;勾缝;回填;材料运输。

图 3.43 石栏杆

图 3.44 石台阶

3.4.4　垫层部分清单项目设置及计算规则

除混凝土垫层外,没有包括垫层要求的清单项目应按该垫层项目编码列项。垫层按设计图示尺寸以体积计算,单位:m³。工作内容包括垫层材料的拌制、垫层铺设、材料运输。

3.4.5　工程定额计算规则与清单计算规则的区别

①定额在砖砌体章节中补充了以下几部分:

a.补充了砖烟囱、烟道的计算部分,砖烟囱筒身、烟囱内衬、烟道及烟道内衬均按图示尺寸,以实砌体积计算。砖烟囱、烟道不分基础和筒身。而清单中烟囱、烟道、通风道、垃圾道按设计图示,以体积计算(扣除孔洞体积),并入所依附的墙体体积内。

b.砖砌水塔。水塔不分基础和塔身,按图示尺寸以实砌体积计算,并扣除门窗洞口和混凝土构件所占体积,砖平拱及砖出檐等并入塔身体积内计算,套水塔砌筑定额项目。

c.其他砖砌体。砖砌锅台、炉灶,不分大小,按图示尺寸以实砌体积计算,不扣除各种空洞的所占体积。砖砌台阶(不包括梯带)以水平投影面积计算。砖砌地沟不分沟帮、沟底,其工程量合并以体积计算。厕所蹲台、水槽(池)腿、灯箱、垃圾箱、台阶挡墙或梯带、小型花台、花池、支撑地楞的砖墩、房上烟囱、毛石墙的门窗立边,窗台虎头砖等实砌体积以立方米计算,套用零星砌体定额项目。检查井及化粪池部分不分壁厚按实砌体积计算,洞口上的砖平拱部分并入砌体体积内计算。

②轻质隔墙按设计图示尺寸以面积计算。

③石砌体章节中变化如下:

a.石台阶两侧砌体体积另行计算。

b.石地沟按设计图示尺寸,以实砌体积计算。

c.石坡道按设计图示尺寸,以面积计算。

d.石表面加工按设计要求加工的外表面,以面积计算。

④墙面加浆勾缝按设计图示尺寸,以面积计算。

【例3.7】某单位传达室基础平面图及基础详图如图3.45所示,室内地坪标高0.00 m,防潮层 -0.06 m,防潮层以下用 M10 水泥砂浆砌标准砖基础,防潮层以上为多孔砖墙身。已知墙厚240 mm,计算砖基础、防潮层的工程量。

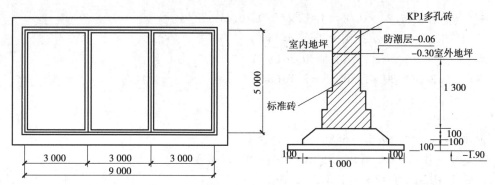

图 3.45　传达室基础平面图及基础详图

【解】外墙基础长度外:$(9.0 + 5.0) \times 2 = 28.00(\mathrm{m})$

内墙基础长度内:$(5.0 - 0.24) \times 2 = 9.52(\mathrm{m})$

基础高度:$1.30 + 0.30 - 0.06 = 1.54(\mathrm{m})$

大放脚折加高度等高式,240 mm 厚墙,双面,0.197 m 长。

体积:$0.24 \times (1.54 + 0.197) \times (28 + 9.52) = 15.64(\mathrm{m})$

防潮层面积:$0.24 \times (28 + 9.52) = 9.00(\mathrm{m}^2)$

【例 3.8】某单位传达室平面图、剖面图、墙身大样图如图 3.46 所示,构造柱 240 mm × 240 mm,有马牙槎与墙嵌接,圈梁 240 mm × 300 mm,屋面板厚 100 mm,门窗上口无圈梁处设置过梁厚 120 mm,窗台板厚 60 mm,长度为窗洞口尺寸两边各加 60 mm,窗两侧有 60 mm 宽砖砌窗套,砌体材料为 KPI 型多孔砖,女儿墙为标准砖,女儿墙压顶砖厚 60 mm,计算墙体工程量(M1:1.2 m × 2.5 m、M2:0.9 m × 2.1 m、C1:1.5 m × 1.5 m、C2:1.2 m × 1.5 m)。

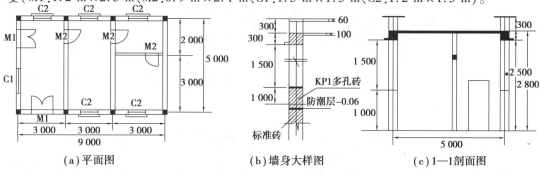

（a）平面图　　　　（b）墙身大样图　　　　（c）1—1 剖面图

图 3.46　传达室平面图、剖面图、墙身大样图

【解】(1)一砖墙

①墙长度:

外:$(9.0 + 5.0) \times 2 = 28.0(\mathrm{m})$

内:$(5.0 - 0.24) \times 2 = 9.52(\mathrm{m})$

②墙高度:

$2.8 - 0.3 + 0.06 = 2.56(\mathrm{m})$

③外墙体积:

外:$0.24 \times 2.56 \times 28 = 17.20(\mathrm{m}^3)$

减构造柱:$0.24 \times 0.24 \times 2.56 \times 8 = 1.18(\mathrm{m}^3)$

减马牙槎:$0.24 \times 0.06 \times 2.56 \times 0.5 \times 16 = 0.29(\mathrm{m}^3)$

减 C1 窗台板:$0.24 \times 0.06 \times 1.62 \times 1 = 0.02(\mathrm{m}^3)$

减 C2 窗台板:$0.24 \times 0.06 \times 1.32 \times 5 = 0.10(\mathrm{m}^3)$

减 M1:$0.24 \times 1.20 \times 2.50 \times 2 = 1.44(\mathrm{m}^3)$

减 C1:$0.24 \times 1.50 \times 1.50 \times 1 = 0.54(\mathrm{m}^3)$

减 C2:$0.24 \times 1.20 \times 1.50 \times 5 = 2.16(\mathrm{m}^3)$

外墙体积 $= 11.47(\mathrm{m}^3)$

④内墙体积:

内:$0.24 \times 2.56 \times 9.52 = 5.85(\mathrm{m}^3)$

减马牙槎:$0.24 \times 0.06 \times 2.56 \times 0.5 \times 4 = 0.07(\mathrm{m}^3)$

减过梁:$0.24 \times 0.12 \times 1.40 \times 2 = 0.08(\mathrm{m}^3)$

减 M2:$0.24 \times 0.90 \times 2.10 \times 2 = 0.91(\mathrm{m}^3)$

内墙体积 $= 4.79(\mathrm{m}^3)$

⑤一砖墙合计:$11.47 + 4.79 = 16.28(\mathrm{m}^3)$

(2)半砖墙

①内墙长度:$3.0 - 0.24 = 2.76(\mathrm{m})$

②墙高度:$2.80 - 0.10 = 2.70(\mathrm{m})$

③体积:$0.115 \times 2.70 \times 2.76 = 0.86(\mathrm{m}^3)$

减过梁:$0.115 \times 0.12 \times 1.40 = 0.02(\mathrm{m}^3)$

减 M2:$0.115 \times 0.90 \times 2.10 = 0.22(\mathrm{m}^3)$

④半砖墙合计 $= 0.62(\mathrm{m}^3)$

(3)女儿墙

①墙长度:$(9.0 + 5.0) \times 2 = 28.0(\mathrm{m})$

②墙高度:$0.30 - 0.06 = 0.24(\mathrm{m})$

③体积:$0.24 \times 0.24 \times 28 = 1.61(\mathrm{m}^3)$

3.5 混凝土工程

3.5.1 混凝土工程量清单编制及工程量计算规则

混凝土及钢筋混凝土工程包括现浇混凝土基础、现浇混凝土柱、现浇混凝土梁、现浇混凝土墙、现浇混凝土板、现浇混凝土楼梯、现浇混凝土其他构件、后浇带及预制混凝土柱、预制混凝土梁、预制混凝土屋架、预制混凝土板、预制混凝土楼梯、其他预制构件、钢筋工程、螺栓铁件16个部分。钢筋工程与螺栓铁件将在《平法识图与钢筋算量》课程中讲解,这里不再多说。

1)现浇混凝土基础部分清单项目设置及计算规则

现浇混凝土基础部分分为垫层、带形基础、独立基础、满堂基础、设备基础、桩承台基础,如图3.47至图3.52所示。

①垫层是指钢筋混凝土基础与地基土的中间层,作用是使其表面平整便于在上面绑扎钢筋,也起到保护基础的作用,都是素混凝土的,无须加钢筋。如有钢筋则不能称其为垫层,应视为基础底板。

②带形基础是指支立模板的混凝土条形基础。

③建筑物上部结构采用框架结构或单层排架结构承重时,基础常采用圆柱形和多边形

等形式的独立式基础。

④满堂基础是指用板、梁、墙柱组合浇筑而成的基础,有板式(无梁式)、梁板式和箱形三种形式。

⑤设备基础是用来支撑设备、承载设备重量的构筑物,具体情况视设备基础设计而定。

⑥桩承台基础是指在群桩基础上将桩顶用钢筋混凝土平台或者平板连成整体基础,以承受其上荷载的结构。

图 3.47 垫层

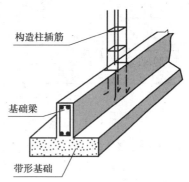

图 3.48 带形基础

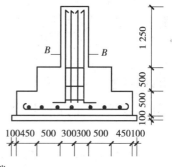

图 3.49 独立基础

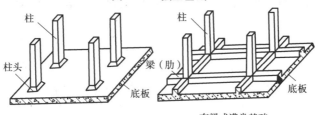

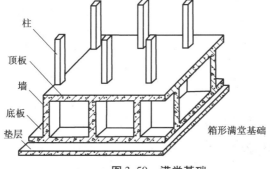

图 3.50 满堂基础

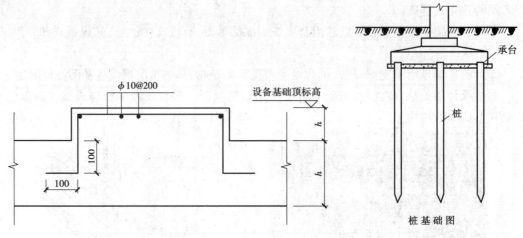

图 3.51　设备基础示意图　　　　图 3.52　桩承台基础

计算规则按设计图示尺寸，以体积计算，单位:m³。不扣除构件内钢筋、预埋铁件和伸入承台基础的桩头所占体积。项目特征包括混凝土种类、混凝土的强度等级，其中混凝土的种类指清水混凝土、彩色混凝土等，如在同一地区既使用预拌(商品)混凝土又允许现场搅拌混凝土时，也应注明(下同)。工作内容包括:模板及支撑制作、安装、拆除、堆放、运输及清理模内杂物、刷隔离剂等;混凝土制作、运输、浇筑、振捣、养护。

有肋带形基础、无肋带形基础应分别编码列项，并注明肋高;箱形满堂基础及框架式设备基础中柱、梁、墙、板按现浇混凝土柱、梁、墙、板分别编码列项;箱形满堂基础底板按满堂基础项目列项，框架设备基础的基础部分按设备基础列项。

2)现浇混凝土柱部分清单项目设置及计算规则

现浇混凝土柱包括矩形柱、构造柱、异形柱。计算规则按设计图示尺寸，以体积计算，单位:m³。不扣除构件内钢筋、预埋铁件所占体积。工作内容包括模板及支架(撑)制作、安装、拆除、堆放、运输及清理模内杂物、刷隔离剂等;混凝土制作、运输、浇筑、振捣、养护。

柱高按以下规定计算。

①有梁板的柱高，应自柱基上表面(或楼板上表面)至上一层楼板上表面之间的高度计算，如图 3.53 所示。

②无梁板的柱高，应自柱基上表面(或楼板上表面)至柱帽下表面之间的高度计算，如图 3.54 所示。

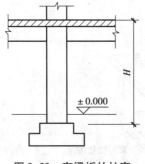　　　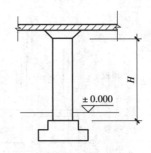

图 3.53　有梁板的柱高　　　　图 3.54　无梁板的柱高

③框架柱的柱高应自柱基上表面至柱顶高度计算,如图 3.55 所示。

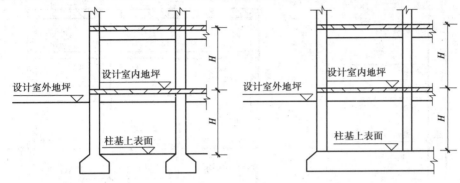

图 3.55　框架柱高示意图

④构造柱按全高计算,嵌接墙体部分(马牙槎)并入柱身体积,如图 3.56 所示。

⑤依附柱上的牛腿和升板的柱帽,并入柱身体积计算,如图 3.57 所示。

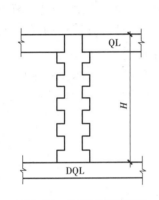
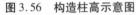

图 3.56　构造柱高示意图

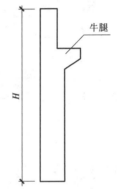

图 3.57　带牛腿的现浇混凝土柱高示意图

3)现浇混凝土梁部分清单项目设置及计算规则

现浇混凝土梁包括基础梁、矩形梁、异形梁、圈梁、过梁、弧形梁、拱形梁。工作内容包括:模板及支架(撑)制作、安装、拆除、堆放、运输及清理模内杂物、刷隔离剂等;混凝土制作、运输、浇筑、振捣、养护。计算规则按设计图示尺寸,以体积计算,单位:m³。不扣除构件内钢筋、预埋铁件所占体积,伸入墙内的梁头、梁垫并入梁体积内。

梁长:梁与柱连接时,梁长算至柱侧面;主梁与次梁连接时,次梁长算至主梁侧面,如图3.58 和图 3.59 所示。

4)现浇混凝土墙部分清单项目设置及计算规则

现浇混凝土墙包括直形墙、弧形墙、短肢剪力墙、挡土墙。计算规则按设计图示尺寸,以体积计算,单位:m³。不扣除构件内钢筋,预埋铁件所占体积,扣除门窗洞口及单个面积 >0.3 m²的孔洞所占体积,墙垛及突出墙面部分并入墙体体积内计算。工作内容包括:模板及支架(撑)制作、安装、拆除、堆放、运输及清理模内杂物、刷隔离剂等;混凝土制作、运输、浇筑、振捣、养护。

短肢剪力墙是指截面厚度不大于 300 mm、各肢截面高度与厚度之比的最大值大于 4 但不大于 8 的剪力墙;各肢截面高度与厚度之比的最大值不大于 4 的剪力墙按柱项目列项。

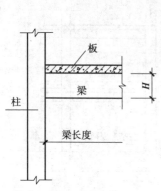
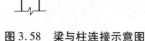

图 3.58 梁与柱连接示意图

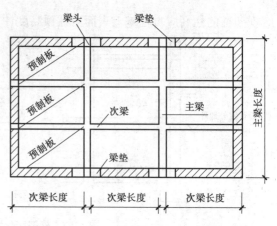

图 3.59 主梁与次梁连接示意图

5)现浇混凝土板部分清单项目设置及计算规则

①有梁板、无梁板、平板、拱板、薄壳板、栏板的计算规则按设计图示尺寸以体积计算,单位:m³。不扣除构件内钢筋、预埋铁件及单个面积≤0.3 m²的柱、垛以及孔洞所占体积;压形钢板混凝土楼板扣除构件内压形钢板所占体积。

有梁板(包括主、次梁与板)按梁、板体积之和计算,如图3.60所示;无梁板按板和柱帽体积之和计算,如图3.61所示;各类板伸入墙内的板头并入板体积内计算;薄壳板的肋、基梁并入薄壳体积内计算。

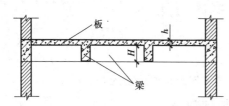

图 3.60 有梁板(包括主、次梁与板)

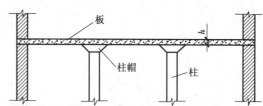

图 3.61 无梁板(包括柱帽)

②天沟(檐沟)、挑檐板。计算规则按设计图示尺寸,以体积计算,单位:m³。

③雨篷、悬挑板、阳台板。计算规则按设计图示尺寸,以墙外部分体积计算,单位:m³。包括伸出墙外的牛腿和雨篷反挑檐的体积。

现浇挑檐、天沟板、雨篷、阳台与板(包括屋面板、楼板)连接时,以外墙外边线为分界线;与圈梁(包括其他梁)连接时,以梁外边线为分界线。外边线以外为挑檐、天沟、雨篷或阳台,如图3.62所示。

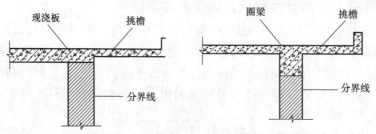

图 3.62 现浇混凝土挑檐板分界线示意图

④空心板。计算规则按设计图示尺寸,以体积计算,单位:m³。空心板(GBF高强薄壁蜂巢芯板等)应扣除空心部分体积。

⑤其他板。计算规则按设计图示尺寸,以体积计算,单位:m³。

6)现浇混凝土楼梯部分清单项目设置及计算规则

包括直形楼梯、弧形楼梯。计算规则按设计图示尺寸以水平投影面积计算,单位:m²,不扣除宽度≤500 mm的楼梯井,伸入墙内部分不计算;或者以立方米计量,按设计图示尺寸以体积计算,如图3.63所示。工作内容包括:模板及支架(撑)制作、安装、拆除、堆放、运输及清理模内杂物、刷隔离剂等;混凝土制作、运输、浇筑、振捣、养护。

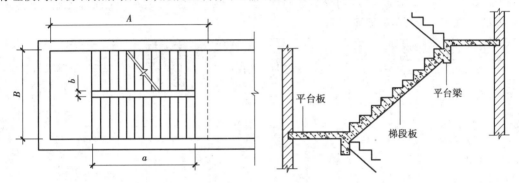

图3.63　现浇混凝土楼梯示意图

整体楼梯(包括直形楼梯、弧形楼梯)水平投影面积包括休息平台、平台梁、斜梁和楼梯的连接梁。当整体楼梯与现浇楼板无梯梁连接时,以楼梯的最后一个踏步边缘加300 mm为界。

7)现浇混凝土其他构件部分清单项目设置及计算规则

①散水、坡道、室外地坪,计算规则按设计图示尺寸,以水平投影面积计算,单位:m²。不扣除单个面积≤0.3 m²的孔洞所占面积。工作内容包括:地基夯实;铺设垫层;模板及支撑制作、安装、拆除、堆放、运输及清理模内杂物、刷隔离剂等;混凝土制作、运输、浇筑、振捣、养护;变形缝填塞。

②电缆沟、地沟,计算规则按设计图示,以中心线长度计算,单位:m。工作内容包括:挖填、运土石方;铺设垫层;模板及支撑制作、安装、拆除、堆放、运输及清理模内杂物、刷隔离剂等;混凝土制作、运输、浇筑、振捣、养护;刷防护材料。

③台阶。计算规则以平方米计量,按设计图示尺寸水平投影面积计算;或者以立方米计量,按设计图示尺寸以体积计算。架空式混凝土台阶,按现浇楼梯计算。工作内容包括:模板及支撑制作、安装、拆除、堆放、运输及清理模内杂物、刷隔离剂等;混凝土制作、运输、浇筑、振捣、养护。

④扶手、压顶。计算规则以米计量,按设计图示的中心线延长米计算;或者以立方米计量,按设计图示尺寸以体积计算。工作内容包括:模板及支架(撑)制作、安装、拆除、堆放、运输及清理模内杂物、刷隔离剂等;混凝土制作、运输、浇筑、振捣、养护。

⑤化粪池、检查井。计算规则按设计图示尺寸,以体积计算;以座计量,按设计图示数量计算。工作内容同上。

⑥其他构件,主要包括现浇混凝土小型池槽、垫块、门框等,计算规则按设计图示尺寸,以体积计算,单位:m³。工作内容同上。

8)后浇带

后浇带(图3.64),是在建筑施工中为防止现浇钢筋混凝土结构由于自身收缩不均或沉降不均可能产生的有害裂缝,按照设计或施工规范要求,在基础底板、墙、梁相应位置留设的临时施工缝。计算规则按设计图示尺寸,以体积计算,单位:m³。工作内容包括:模板及支架(撑)制作、安装、拆除、堆放、运输及清理模内杂物、刷隔离剂等;混凝土制作、运输、浇筑、振捣、养护及混凝土交接面、钢筋等的清理。

图3.64 后浇带

9)预制混凝土构件

预制混凝土构件项目特征包括图代号、单件体积、安装高度、混凝土强度等级、砂浆(细石混凝土)强度等级及配合比。若引用标准图集可以直接用图代号的方式描述,若工程量按数量以单位"根""块""榀""套""段"计量,必须描述单件体积。

(1)预制混凝土柱、梁

预制混凝土柱包括矩形柱、异形柱;预制混凝土梁包括矩形梁、异形梁、过梁、拱形梁(图3.65)、鱼腹式吊车梁(中间截面大,逐步向梁的两端减小,形状好像鱼腹式的,其目的是增大抗弯强度、节约材料,见图3.66)等。计算规则均按设计图示尺寸,以体积计算,单位:m³,不扣除构件内钢筋、预埋铁件所占体积,或按设计图示尺寸以数量计算,单位:根。工作内容包括:模板制作、安装、拆除、堆放、运输及清理模内杂物、刷隔离剂等;混凝土制作、运输、浇筑、振捣、养护;构件运输、安装;砂浆制作、运输;接头灌缝、养护。

(2)预制混凝土屋架

预制混凝土屋架包括折线形屋架、组合屋架、薄腹屋架(薄腹梁的主断面是"工"字形,上部较宽,每隔1.5 m处有一预埋铁,用以焊接大型屋面板,下部的主筋,用以承受拉力,见图3.67)、门式刚架屋架(图3.68)、天窗架屋架,均按设计图示尺寸以体积计算,单位:m³。不扣除构件内钢筋、预埋铁件所占体积;或按设计图示尺寸以数量计算,单位:榀。三角形屋架应按折线型屋架项目编码列项。工作内容同上。

图 3.65　拱形梁

图 3.66　鱼腹式吊车梁

图 3.67　薄腹屋架

图 3.68　门式刚架

（3）预制混凝土板

①平板、空心板（图 3.69）、槽形板（实心板的两侧设有纵肋，相当于小梁，用来承受板的荷载，见图 3.70）、网架板（钢筋骨架与保温芯材为一体）、折线板、带肋板、大型板。计算规则按设计图示尺寸，以体积计算，单位：m³。不扣除构件内钢筋、预埋铁件及单个尺寸≤300 mm×300 mm 的孔洞所占体积，扣除空心板空洞体积；或按设计图示尺寸以数量计算，单位：块。工作内容包括：模板制作、安装、拆除、堆放、运输及清理模内杂物、刷隔离剂等；混凝土制作、运输、浇筑、振捣、养护；构件运输、安装；砂浆制作、运输；接头灌缝、养护。

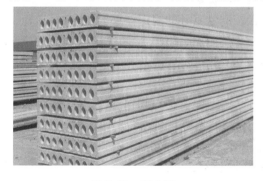

图 3.69　空心板

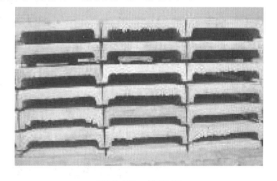

图 3.70　槽形板

②不带肋的预制遮阳板、雨篷板、挑檐板、栏板等，应按平板项目编码列项。预制 F 形

板、双 T 形板、单肋板和带反挑檐的雨篷板、挑檐板、遮阳板等,应按带肋板项目编码列项。预制大型墙板、大型楼板、大型屋面板等,应按大型板项目编码列项。

③沟盖板、井盖板、井圈。计算规则按设计图示尺寸,以体积计算,单位:m³;或按设计图示尺寸以数量计算,单位:块。

（4）预制混凝土楼梯

计算规则以立方米计量,按设计图示尺寸以体积计算,扣除空心踏步板空洞体积;或以段计量,按设计图示数量计算。工作内容同上。

（5）其他预制构件

其他预制构件包括烟道、垃圾道、通风道及其他构件(预制钢筋混凝土小型池槽、压顶、扶手、垫块、隔热板、花格等,按其他构件项目编码列项)。工作内容同上。

计算规则以立方米计量,按设计图示尺寸,以体积计算,不扣除单个面积≤300 mm×300 mm 的孔洞所占体积,扣除烟道、垃圾道、通风道的孔洞所占体积;或以平方米计量,按设计图示尺寸以面积计算,不扣除单个面积≤300 mm×300 mm 的孔洞所占面积;或以根计量,按设计图示尺寸以数量计算。

3.5.2 工程定额计算规则与清单计算规则的区别

1）现浇混凝土

①带形基础:不分有肋式与无肋式均按带形基础定额项目计算。有肋式带形基础,肋高(指基础扩大顶面至梁顶面的高)≤1.2 m 时,合并计算;肋高 >1.2 m 时,扩大顶面以下的基础部分,按无肋带形基础定额项目计算,扩大顶面以上部分,按墙定额项目计算。有肋式带形基础肋高如图 3.71 所示。

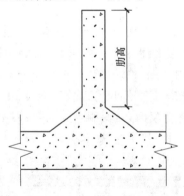

图 3.71 有肋式带形基础肋高示意图

②满堂基础:无梁式满堂基础有扩大或角锥形柱墩时,并入无梁式满堂基础内计算。有梁式满堂基础梁高(不含板厚)≤1.2 m 时,基础和梁合并计算;梁高 >1.2 m 时,底板按无梁式满堂基础定额项目计算,梁按混凝土墙定额项目计算。箱形满堂基础中柱、墙、梁、板应分别按柱、墙、梁、板的相关规定计算;箱形满堂基础底板按无梁式满堂基础定额项目计算。地下室底板按满堂基础的规定计算。

③三面悬挑阳台,按梁、板工程量合并计算执行阳台定额项目;非三面悬挑的阳台,按梁、板规定计算;阳台栏板、压顶分别按栏板、压顶定额项目计算。

④三面悬挑雨棚,按梁、板工程量合并以体积计算,高度≤400 mm 的栏板并入雨篷体积内计算执行雨棚定额项目,栏板高度 >400 mm 时,按栏板全高计算执行栏板定额项目。

⑤场馆看台、地沟、混凝土后浇带按设计图示尺寸,以体积计算。

⑥二次灌浆、空心砖内灌注混凝土,按实际灌注混凝土,以体积计算。

⑦空心楼板筒芯、箱体安装,按空心楼板中的空心部分,以体积计算。

2)预制混凝土

①预制混凝土均按设计图示尺寸,以体积计算,不扣除构件内钢筋、铁件及≤0.3 m² 的孔洞所占体积。空心板及空心构件均应扣除其空心体积,按实体积计算。

②混凝土构件接头灌缝,按预制混凝土构件体积计算。空心板堵头的人工、材料已含在定额内,不另计算。

3)预制混凝土构件接头灌缝

①预制混凝土构件接头灌缝均按预制混凝土构件体积计算。

②空心板堵头的人工、材料已包括在定额项目内,不另行计算。

3.6 金属结构与木结构工程

3.6.1 金属结构工程

金属结构包括各类钢构件,具体包括钢网架、钢屋架、钢托架、钢桁架、钢架桥、钢柱、钢板楼板、钢板墙板、钢构件、金属制品。

1)钢网架清单项目及计算规则

钢网架结构是指由很多杆件通过节点,按照一定规律组成的空间杆系结构。根据外形可分为平板网架和曲面网架,通常情况下,平板网架称为网架(图 3.72);曲面网架称为网壳(图 3.73)。

图 3.72　平板网架　　　　　　　　　　　图 3.73　曲面网架

钢网架,按设计图示尺寸以质量计算,不扣除孔眼的质量,焊条、铆钉等不另增加质量,单位:t。其工作内容包括杆件的拼装、安装、探伤、补刷油漆。

2)钢屋架、钢托架、钢桁架、钢架桥清单项目及计算规则

①钢屋架形式多用三角形和梯形,一般由上弦杆、下弦杆、腹杆和连接板组成,在屋架之间设水平支撑(系杆)和纵向支撑,以保持屋架的空间稳定,如图 3.74 所示。

钢屋架的两种计量方式:以榀计量,按设计图示数量计算,单位:榀;以吨计量,按设计图示尺寸以质量计算,不扣除孔眼的质量,焊条、铆钉、螺栓等不另增加质量,单位:t。其工作内容包括杆件拼装、安装、探伤、补刷油漆。

图 3.74　钢屋架

②钢托架,也叫托架梁,如图 3.75 所示。支承中间屋架的桁架称为托架,托架一般采用平行弦桁架,其腹杆采用带竖杆的人字形体系,钢托架是桁架的一种,是支撑钢屋架(或钢桁架)用的。钢桁架(图 3.76)是指用钢材制造的桁架工业与民用建筑的屋盖结构吊车梁、桥梁和水工闸门等,常用钢桁架作为主要承重构件。各式塔架,如桅杆塔、电视塔和输电线路塔等,常用三面、四面或多面平面桁架组成的空间钢桁架。

图 3.75　钢托架

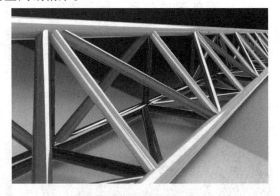

图 3.76　钢桁架

钢屋架、钢桁架,按设计图示尺寸以质量计算。不扣除孔眼的质量,焊条、铆钉、螺栓等不另增加质量,单位:t。其工作内容均包含杆件拼装、安装、探伤、补刷油漆。

③钢架桥,是一种介于梁与拱之间的一种结构体系,它是由受弯的上部梁(或板)结构与承压的下部柱(或墩)整体结合在一起的结构。由于梁和柱的刚性连接,梁因柱的抗弯刚度而得到卸荷作用,整个体系是压弯结构,也是有推力的结构,是一种桥身主要承重结构为刚架的桥梁,能增加桥下净空高度,常用作跨线桥,如图 3.77 所示。

钢架桥按设计图示尺寸以质量计算,不扣除孔眼的质量,焊条、铆钉、螺栓等不另增加质量,单位:t。工作内容包括杆件拼装、安装、探伤、补刷油漆。

3)钢柱清单项目及计算规则

钢柱是用钢材制造的柱,如图 3.78 所示。大中型工业厂房、大跨度公共建筑、高层房屋、轻型活动房屋、工作平台、栈桥和支架等的柱,大多采用钢柱,包括实腹钢柱、空腹钢柱和钢管柱。实腹钢柱类型指十字形、T形、L形、H形等,空腹钢柱类型指箱形、格构式等。

图 3.77 钢架桥

图 3.78 钢柱

①实腹钢柱、空腹钢柱按设计图示尺寸,以质量计算。不扣除孔眼的质量,焊条、铆钉、螺栓等不另增加质量,依附在钢柱上的牛腿及悬臂梁等并入钢柱工程量内,单位:t。工作内容均包括柱网拼装、安装、探伤、补刷油漆。

②钢管柱按设计图示尺寸,以质量计算。不扣除孔眼的质量,焊条、铆钉、螺栓等不另增加质量,钢管柱上的节点板、加强环、内衬管、牛腿等并入钢管柱工程量内,单位:t。工作内容包括拼装、安装、探伤、补刷油漆。

4)钢梁清单项目及计算规则

钢梁是用钢材制造的梁,包括钢梁和钢吊车梁,如图 3.79 所示。厂房中的吊车梁和工作平台梁、多层建筑中的楼面梁、屋顶结构中的檩条等,都可以采用钢梁。梁类型指 H 形、L 形、T 形、箱形、格构式等。

钢梁、钢吊车梁按设计图示尺寸,以质量计算。不扣除孔眼的质量,焊条、铆钉、螺栓等不另增加质量,制动梁、制动板、制动桁架、车挡并入钢吊车梁工程量内,单位:t。工作内容包括梁拼装、安装、探伤、补刷油漆。

5)钢板楼板、墙板清单项目及计算规则

①钢板楼板多指压型钢板,是用薄钢板辊压成型,具有波纹、一定强度和刚度的金属板材,如图 3.80 所示。在高层钢结构建筑中,一般多采用压型钢板与钢筋混凝土组成的组合楼层。其构造形式为:压型板 + 栓钉 + 钢筋 + 混凝土。

图 3.79　钢梁

图 3.80　钢板

按设计图示尺寸以铺设水平投影面积计算。不扣除单个面积≤0.3 m² 柱、垛及孔洞所占的面积,单位:m²。工作内容包括拼装、安装、探伤、补刷油漆。

②钢板墙板按设计图示尺寸以铺挂展开面积计算。不扣除单个面积≤0.3 m² 的梁、孔洞所占面积,包角、包边、窗台泛水等不另加面积,单位:m²。其工作内容包括钢板拼装、安装、探伤、补刷油漆。

【例3.9】某金属构件如图 3.81 所示,底边长 1 520 mm,顶边长 1 360 mm,另一边长 800 mm,底边垂直最大宽度为 840 mm,厚度为 10 mm,求该钢板工程量。[钢板理论质量 (kg) = 长度(m) × 宽度(m) × 厚度(mm) × 7.85(国标密度)]

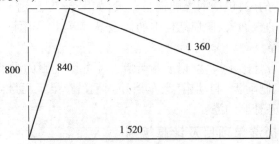

图 3.81　金属构件

【解】以最大长度与其最大宽度之积求得:

钢板面积 = 1.52 × 0.84 = 1.277(m²)

钢板重量 = 1.277 × 10 × 7.85 = 100.24(kg)

6)其他钢构件的清单项目及计算规则

钢支撑、钢拉条、钢檩条、钢天窗架、钢挡风架、钢墙架、钢平台、钢走道、钢梯、钢护栏、钢漏斗、钢板天沟、钢支架、零星钢构件按设计图示尺寸以质量计算,不扣除孔眼的质量,焊条、铆钉、螺栓等不另增加质量,单位:t。其工作内容均包括拼装、安装、探伤、补刷油漆。

成品空调、金属百页、护栏、成品栅栏按设计图示尺寸以框外围展开面积计算,单位:m²。其工作内容均包括安装、校正、预埋铁件及安螺栓、金属立柱(成品栅栏)。

成品雨篷计量的两种方式:以米计量,按设计图示接触以米计算;以平方米计量,按设计图示尺寸以展开面积计算。其工作内容包括安装、校正、预埋铁件及安螺栓。

金属网栏按设计图示尺寸以框外围展开面积计算,单位:m²。其工作内容均包括安装、校正、安螺栓及金属立柱。

砌块墙、钢丝网加固、后浇带、金属网按设计图示尺寸以面积计算,单位:m²。其工作内容均包括铺贴、铆固。

3.6.2　木结构工程

木结构是用木材制成的结构。木材是一种取材容易,加工简便的结构材料。木结构自重较轻,木构件便于运输、装拆,能多次使用,故广泛地用于房屋建筑中,也还用于桥梁和塔架。木结构工程包括木屋架、木构件、屋面木基层工程。

1)木屋架清单项目及计算规则

由木材制成的桁架式屋盖构件,称为木屋架,如图3.82所示。常用的木屋架是由方木或圆木连接的,一般分为三角形和梯形两种,包括木屋架和钢木屋架。

图3.82　木屋架

木屋架的计量方式分两种:以榀计量,按设计图示数量计算,单位:榀;以立方米计量,按设计图示的规格尺寸以体积计算,单位:m³。其工作内容包括屋架制作、运输、安装、刷防护材料。钢木屋架以榀计量,按设计图示数量计算,单位:榀。其工作内容包括制作、运输、安装、刷防护材料。屋架的跨度应以上、下弦中心线两交点之间的距离计算。

2)木构件清单项目及计算规则

木构件工程包括木柱、木梁、木檩、木楼梯、其他木构件。

①木柱和木梁按设计图示尺寸以体积计算,单位:m³。其工作内容包括制作、运输、安装、刷防护材料。

②木檩的计量方式分两种:以立方米计量,按设计图示尺寸以体积计算,单位:m³;以米计量,按设计图示尺寸以长度计算,单位:m。其工作内容包括制作、运输、安装、刷防护材料。

③木楼梯(图3.83)按设计图示尺寸以水平投影面积计算。不扣除宽度≤300 mm的楼梯井,伸入墙内部分不计算,单位:m²。其工作内容包括制作、运输、安装、刷防护材料。

图3.83　木楼梯

④其他木结构的计量方式分两种:以立方米计量,按设计图示尺寸以体积计算,单位:m³;以米计量,按设计图示尺寸以长度计算,单位:m。其工作内容包括制作、运输、安装、刷防护材料。

3)屋面木基层清单项目及计算规则

屋面木基层(图3.84)包括木檩条、椽子、屋面板、油毡、挂瓦条、顺水条等。屋面系统的木结构是由屋面木基层和木屋架(或钢木屋架)两部分组成的。

图3.84　屋面木基层

　　屋面木基层按设计图示尺寸以斜面积计算,不扣除房上烟囱、风帽底座、风道、小气窗、斜沟等所占面积。小气窗的出檐部分不增加面积,单位:m²。其工作内容包括橡子制作及安装、望板制作及安装、顺水条和挂瓦条制作及安装、刷防护材料。

3.7　门窗工程

　　门窗工程包括木门、金属门、金属卷帘(闸)门、厂库房大门及特种门、其他门、木窗、金属窗、门窗套、窗台板、窗帘和窗帘盒及轨十个项目。

3.7.1　木门工程清单项目及计算规则

　　木门工程包括木质门(图3.85)、木质门带套、木质连窗门、木质防火门、木门框、门锁安装。木质门应区分镶板木门、企口木板门、实木装饰门、胶合板门、夹板装饰门、木纱门、全玻门(带木质扇框)、木质半玻门(带木质扇框)等项目。木门五金应包括:折页、插销、门碰珠、弓背拉手、搭机、木螺丝、弹簧折页(自动门)、管子拉手(自由门、地弹门)、地弹簧(地弹门)、角铁、门轧头(地弹门、自由门)等。木质门带套计量按洞口尺寸以面积计算,不包括门套的面积。

　　①木质门、木质门带套、木质连窗门、木质防火门的计量方式分两种:以樘计量,按设计图示数量计算,单位:樘;以平方米计量,按设计图示洞口尺寸以面积计算,单位:m²。其工作内容均包括门安装、玻璃安装、五金安装。

　　【例3.10】如图3.86所示为某办公室平面布置图,M1尺寸为1 800 mm×2 400 mm,M2尺寸为1 000 mm×2 400 mm,M1和M2均为实木门,试计算木门工程量。

图3.85　木门

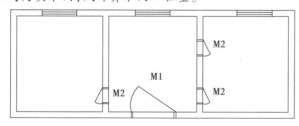

图3.86　某办公室平面布置图

　　【解】木门工程量按设计图示数量或设计图示洞口尺寸以面积计算。

　　M1 工程量:1 樘或 1.8×2.4=4.32(m²)

　　M2 工程量:3 樘或 1×2.4×3=7.2(m²)

　　②木门框的计量方式分两种:以樘计量,按设计图示数量计算,单位:樘;以米计量,按设计图示框的中心线以延长米计算,单位:m。其工作内容包括木门框制作及安装、运输、刷防

护材料。

③门锁安装按设计图示数量计算,单位:个(套)。

3.7.2 金属门工程清单项目及计算规则

金属门工程包括金属门(塑钢门)、彩板门、钢质防火门、防盗门,如图3.87所示。金属门应区分金属平开门、金属推拉门、金属地弹门、全玻门(带金属扇框)、金属半玻门(带扇框)等项目。铝合金门五金包括地弹门、门锁、拉手、门插、门铰、螺丝等。金属门五金包括L形执手插锁(双舌)、执手锁(单舌)、门轨头、地锁、防盗门机、门眼(猫眼)、门碰珠、电子、锁(磁卡锁)、闭门器、装饰拉手等。以上各种门如以樘计量,项目特征必须描述洞口尺寸,没有洞口尺寸必须描述门框或扇外围尺寸;以平方米计量,项目特征可不描述洞口尺寸及框、扇的外围尺寸;如以平方米计量,无设计图示洞口尺寸,按门框、扇外围以面积计算。

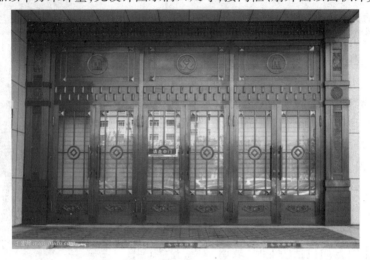

图3.87 金属门

金属门(塑钢门)、彩板门、钢质防火门、防盗门的计量方式分两种:以樘计量,按设计图示数量计算,单位:樘;以平方米计量,按设计图示洞口尺寸以面积计算,单位:m^2。其工作内容均包括门安装、五金安装、玻璃安装。

金属卷帘(闸)门、厂库房大门、特种门、其他门以樘或m^2计量。

3.7.3 窗工程清单项目及计算规则

1)木窗工程

木窗工程包括木质窗、木飘(凸)窗、木橱窗、木纱窗。

①木质窗的计量方式分两种:以樘计量,按设计图示数量计算,单位:樘;以平方米计量,按设计图示洞口尺寸以面积计算,单位:m^2。其工作内容包括窗安装、五金及玻璃安装。

②木飘(凸)窗、木橱窗的计量方式分两种:以樘计量,按设计图示数量计算,单位:樘;以平方米计量,按设计图示尺寸以框外围展开面积计算,单位:m^2。其工作内容均包括窗制作、运输、安装、五金及玻璃安装、刷防护材料。

③木纱窗的计量方式分两种:以樘计量,按设计图示数量计算,单位:樘;以平方米计量,

按框的外围尺寸以面积计算,单位:m²。其工作内容包括窗安装、五金安装。

2)金属窗工程

金属窗工程包括金属(塑钢、断桥)窗、金属防火窗、金属百叶窗、金属纱窗、金属格栅窗、金属(塑钢、断桥)飘窗、彩板窗、复合材料窗。

金属(塑钢、断桥)窗、金属防火窗、金属百叶窗、金属格栅窗的计量方式分两种:以樘计量,按设计图示数量计算,单位:樘;以平方米计量,按设计图示洞口尺寸以面积计算,单位:m²。其工作内容均包括:窗安装、五金安装。

①金属纱窗的计量方式分两种:以樘计量,单位:樘;以平方米计量,按框的外围尺寸面积计算,单位:m²。其工作内容包括窗安装、五金安装。

②金属(塑钢、断桥)橱窗、金属(塑钢、断桥)飘(凸)窗的计量方式分两种:以樘计量,单位:樘;以平方米计量,按设计图示尺寸以框外围展开面积计算,单位:m²。其工作内容包括窗制作、运输、安装、五金及玻璃安装、刷防护材料金属(塑钢、断桥)橱窗。

③彩板窗、复合材料窗的计量方式分两种:以樘计量,单位:樘;以平方米计量,按设计图示洞口尺寸或框外围以面积计算,单位:m²。其工作内容包括窗安装、五金及玻璃安装。

【例3.11】某工程设计有金属百叶窗,制作时刷一遍广红油漆,其设计洞口尺寸为1 200 mm×1 500 mm,共计10樘,试计算百叶窗工程量。

【解】百叶窗工程量,10樘或$1.2 \times 1.5 \times 10 = 18(m^2)$

3)门窗套工程

门窗套工程包括木门窗套、木筒子板、饰面夹板及筒子板、金属门窗套、石材门窗套、门窗木贴脸、成品木门窗套。

①木门窗套、木筒子板、饰面夹板及筒子板、金属门窗套、石材门窗套、成品木门窗套的计量方式分三种:以樘计量,按设计图示数量计算,单位:樘;以平方米计量,按设计图示尺寸以展开面积计算,m²;以米计量,按设计图示中心以延长米计算,单位:m。其工作内容均包括清理基层、立筋制作及安装、基层板安装、面层铺贴、线条安装(木门窗套、木筒子板、饰面夹板及筒子板、石材门窗套)、刷防护材料(木门窗套、木筒子板、饰面夹板及筒子板、金属门窗套)、板安装(成品木门窗套)。

②门窗木贴脸的计量方式分两种:以樘计量,按设计图示数量计算,单位:樘;以米计量,按设计图示尺寸以延长米计算,单位:m。其工作内容仅有安装。

3.7.4　窗台板工程清单项目及计算规则

窗台板工程包括木窗台板、铝塑窗台板、金属窗台板、石材窗台板。按设计图示尺寸以展开面积计算,单位:m²。其工作内容均包括基层清理、基层制作及安装、窗台板制作及安装、刷防护材料(木窗台板、铝塑窗台板、金属窗台板)。

3.7.5　窗帘、窗帘盒、轨清单项目及计算规则

①窗帘的计量方式分两种:以米计量,按设计图示尺寸以成活后长度计算,单位:m;以平方米计量,按图示尺寸以成活后展开面积计算,单位:m²。其工作内容包括制作、运输、

安装。

②木窗帘盒、饰面夹板及塑料窗帘盒、铝合金窗帘盒、窗帘轨按设计图示尺寸以长度计算,单位:m。其工作内容均包括制作、运输、安装、刷防护材料。

3.8 屋面及防水工程

3.8.1 瓦、型材及其他屋面工程清单项目及计算规则

①瓦屋面、型材屋面均按设计图示尺寸以斜面积计算,不扣除房上烟囱、风帽底座、风道、小气窗、斜沟等所占面积。小气窗的出檐部分不增加面积。瓦屋面的工作内容包括砂浆制作、运输、摊铺、养护、安瓦、做瓦脊。型材屋面的工作内容包括檩条制作、运输、安装、屋面型材安装、接缝、嵌缝。其计算公式为:

$$屋面工程量 = 屋面水平投影面积 × 屋面坡度系数$$

屋面坡度系数如图3.88和表3.14所示。

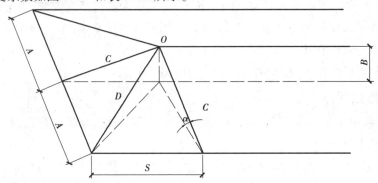

图 3.88 屋面坡度系数示意图

表 3.14 屋面坡度系数表

坡 度			延尺系数 C	隔延尺系数 D
$B = (A = 1)$	$B/2A$	角度 α	$(A = 1)$	$(A = 1)$
1	1/2	45°	1.414 2	1.732 1
0.75	—	36°52′	1.250	1.600 8
0.70	—	35°	1.220 7	1.557 9
0.666	1/3	33°40′	1.201 5	1.562 0
0.65	—	33°01′	1.192 6	1.556 4
0.60	—	30°58′	1.166 2	1.536 2
0.557	—	30°	1.154 7	1.527 0
0.55	—	28°49′	1.141 3	1.517 0
0.50	1/4	26°34′	1.118 0	1.500 0

坡 度			延尺系数 C	隅延尺系数 D
$B = (A = 1)$	$B/2A$	角度 α	$(A = 1)$	$(A = 1)$
0.45	—	24°14′	1.096 8	1.483 9
0.40	1/5	21°48′	1.077 0	1.469 7
0.35	—	19°17′	1.059 4	1.456 9
0.30	—	16°42′	1.044 0	1.445 7
0.25	—	14°02′	1.030 8	1.436 2
0.20	1/10	11°19′	1.019 8	1.428 3
0.15	—	8°62′	1.011 2	1.422 1
0.125	—	7°8′	1.007 8	1.419 1
0.100	1/20	5°42′	1.005	1.417 7
0.083	—	4°45′	1.003 5	1.416 6
0.066	1/30	3°49′	1.002 2	1.425 7

注:①两坡排水屋面水平投影面积乘以延尺系数 C。
　　②四坡排水屋面斜脊长度 $= A \times D$(当 $S = A$ 时)。
　　③沿山墙泛水长度 $= A \times C$。

②阳光板屋面、玻璃钢屋面均按设计图示尺寸以斜面积计算,不扣除屋面面积≤0.3 m² 孔洞所占面积。其工作内容均包括骨架制作、运输、安装、刷防护材料、油漆、阳光板安装(阳光板屋面)、玻璃钢制作及安装(玻璃钢屋面)、接缝及嵌缝。

③膜结构屋面按设计图示尺寸以需要覆盖的水平投影面积计算,单位:m²。其工作内容包括膜布热压胶接、支柱(网架)制作、安装、膜布安装、穿钢丝绳、锚头锚固、锚固基座、挖土、回填、刷防护材料、油漆。

3.8.2　屋面防水及其他

屋面防水及其他工程包括屋面卷材防水(图 3.89)、屋面涂膜防水(图 3.90)、屋面刚性层、屋面排水管、屋面排(透)气管、屋面(廊、阳台)泄(吐)水管、屋面天沟及檐沟、屋面变形缝。

①屋面卷材防水是指以不同的施工工艺将不同种类的胶结材料、黏结卷材固定在屋面上,以起到防水作用。屋面卷材防水能适应一定程度的结构振动和胀缩变形。所用卷材有传统的沥青防水卷材、高聚物改性沥青防水卷材和合成高分子防水卷材三大系列。涂膜防水屋面是在屋面基层上涂刷防水涂料,经固化后形成一层有一定厚度和弹性的整体涂膜,从而达到防水目的的一种防水屋面形式。

屋面卷材防水、屋面涂膜防水均按设计图示尺寸以面积计算,单位:m²。斜屋顶(不包括平屋顶找坡)按斜面积计算,平屋顶按水平投影面积计算;不扣除房上烟囱、风帽底座、风道、屋面小气窗和斜沟所占面积;屋面的女儿墙、伸缩缝和天窗等处的弯起部分,并入屋面工程量内。屋面卷材防水的工作内容包括基层处理、刷底油、铺油毡卷材、接缝。屋面涂膜防水的工作内容包括基层处理、刷基层处理剂、铺布、喷涂防水层。

图3.89 屋面卷材防水

图3.90 屋面涂膜防水

②刚性防水屋面是采用混凝土浇捣而成的屋面防水层。在混凝土中掺入膨胀剂、减水剂、防水剂等外加剂,使浇筑后的混凝土细致密实,水分子难以通过,从而达到防水的目的。刚性防水屋面的优点是价格便宜,耐久性好,维修方便;其缺点是密度大,抗拉强度低,拉应变小。

屋面刚性防水按设计图示尺寸,以面积计算,单位:m²。不扣除房上烟囱、风帽底座、风道等所占面积。其工作内容包括基层处理、混凝土制作、运输、铺筑、养护、钢筋制作及安装。

③屋面排水管按设计图示尺寸,以长度计算。如设计未标注尺寸,以檐口至设计室外散水上表面垂直距离计算,单位:m。其工作内容包括排水管及配件安装及固定、雨水斗、山墙出水口、雨水算子安装、接缝、嵌缝、刷漆。

④屋面排气(透)管按设计图示尺寸,以长度计算,单位:m。其工作内容包括排(透)气管及配件安装及固定、铁件制作、安装、接缝、嵌缝、刷漆。

⑤屋面(廊、阳台)泄(吐)水管按设计图示数量计算,单位:根(个)。其工作内容包括水管及配件安装及固定、接缝、嵌缝、刷漆。

⑥屋面天沟及檐沟按设计图示尺寸,以展开面积计算,单位:m²。其工作内容包括天沟材料铺设、天沟配件安装、接缝、嵌缝、刷防护材料。

⑦屋面变形缝(图3.91)按设计图示,长度计算,单位:m。其工作内容包括清缝、填塞防水材料、止水带安装、盖缝制作、安装、刷防护材料。

3.8.3 墙面防水、防潮工程清单项目及计算规则

墙面防水、防潮工程包括墙面卷材防水、墙面涂膜防水、墙面砂浆防水(防潮)、墙面变形缝。墙面卷材防水、墙面涂膜防水、墙面砂浆防水(防潮)均按设计图示尺寸以面积计算,单位:m²。墙面卷材防水的工作内容包括基层处理、刷黏结剂、铺防水卷材、接缝、嵌缝。墙面涂膜防水的工作内容包括基层处理、刷基层处理剂、铺布、喷涂防水层。墙面砂浆防水(墙面)的工作内容包括基层处理、挂钢丝网片、设置分格缝、砂浆制作、运输、摊铺、养护。

图 3.91 屋面变形缝

墙面变形缝按设计图示以长度计算,单位:m。其工作内容包括清缝、填塞防水材料、止水带安装、盖缝制作、安装、刷防护材料。

3.8.4 楼(地)面防水、防潮工程清单项目及计算规则

楼(地)面防水、防潮工程包括楼(地)面卷材防水、楼(地)面涂膜防水、楼(地)面砂浆防水(防潮)、楼(地)面变形缝。

①楼(地)面卷材防水、楼(地)面涂膜防水、楼(地)面砂浆防水(防潮)均按设计图示尺寸以面积计算,单位:m^2。楼(地)面防水按主墙间净空面积计算,扣除凸出地面的构筑物、设备基础等所占面积,不扣除间壁墙及单个面积≤0.3 m^2 的柱、垛、烟囱和孔洞所占面积;楼(地)面防水反边高度≤300 mm 算作地面防水,反边高度 >300 mm 按墙面防水计算。

楼(地)面卷材防水工作内容包括基层处理、刷黏结剂、铺防水卷材、接缝、嵌缝。楼(地)面涂膜防水工作内容包括基层处理、刷基层处理剂、铺布、喷涂防水层。楼(地)面砂浆防水(防潮)工作内容包括基层处理、砂浆制作、运输、摊铺、养护。

②楼(地)面变形缝按设计图示以长度计算,单位:m。其工作内容包括清缝、填塞防水材料、止水带安装、盖缝制作、安装、刷防护材料。

本章小结

建筑工程计量的计算包括土石方工程、地基处理、边坡支护、桩基、砌筑、混凝土、金属结构、木结构、门窗、屋面等。本章介绍了各个工程量清单项目设置及计算规则、计算方法做了详细的解读。同时,把定额与清单计算规则不同之处一一指出。

课后习题

计算题

1. 如图 3.92 所示,土壤类别为二类土,求建筑物人工平整场地工程量,并列出相关工程量清单表。

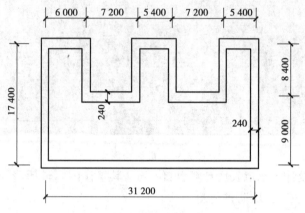

图 3.92 某建筑物底层平面示意图

2. 某建筑物基础平面及剖面如图 3.93 所示。已知土壤类别为Ⅱ类土,土方运距 3 km,条形基础下设 C15 素混凝土垫层。试计算其挖基础土方的清单工程量并列出挖基础土方清单表。

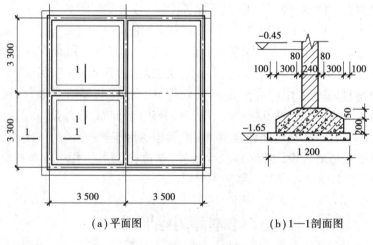

(a)平面图   (b)1—1剖面图

图 3.93

3. 某工程柱下基础如图 3.94 所示,共 18 个。根据地质资料,确定柱基础为人工放坡开挖,工作面每边增加 0.3 m,自垫层以上开始放坡,放坡系数为 0.33,试计算独立基础挖土方工程量及清单工程量。

4. 某工程采用 42.5 MPa 硅酸盐水泥喷粉桩,水泥掺量为桩体的 14%,桩长 9.00 m,桩截面直径 1.00 m,共 50 根,桩顶标高 -1.80 m,室外地坪标高 -0.30 m。编制工程量清单。

5. 某工程用打桩机,如图 3.95 所示的钢筋混凝土预制方桩,共 50 根,求其清单工程量。

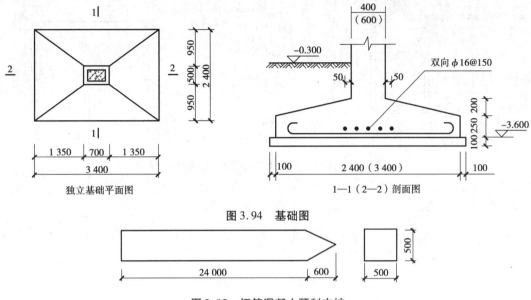

图 3.94　基础图

图 3.95　钢筋混凝土预制方桩

6. 某传达室基础平面图及基础详图如图 3.96 所示,室内地坪标高 0.00 m,防潮层 −0.06 m,防潮层以下用 M10 水泥砂浆砌标准砖基础,防潮层以上为多孔砖墙身。计算砖基础、防潮层的工程量。

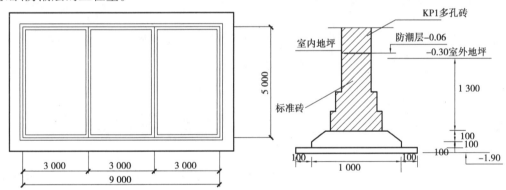

图 3.96　某传达室基础平面图及基础详图

7. 某传达室平面图、剖面图、墙身大样图如图 3.97 所示,构造柱 240 mm × 240 mm,有马牙槎与墙嵌接,圈梁 240 mm × 300 mm,屋面板厚 100 mm,门窗上口无圈梁处设置过梁厚 120 mm,窗台板厚 60 mm,长度为窗洞口尺寸两边各加 60 mm,窗两侧有 60 mm 宽砖砌窗套,砌体材料为 KP1 多孔砖,女儿墙为标准砖,女儿墙压顶砖厚 60 mm,计算墙体工程量。(M1:1.2 m × 2.5 m,M2:0.9 m × 2.1 m,C1:1.5 m × 1.5 m,C2:1.2 m × 1.5 m)

8. 有一两坡水的坡形屋面,其外墙中心线长度为 40 m,宽度为 15 m,四面出檐距外墙外边线为 0.3 m,屋面坡度为 1:1.333,外墙为 240 mm 厚,试计算屋面工程量。

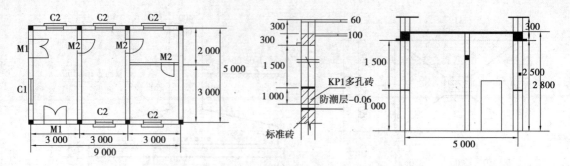

图 3.97　某传达室平面图、剖面图、墙身大样图

第 4 章
装饰工程计量

学习目标

了解装饰工程的各分部分项工程主要内容,熟悉各分部工程的工程量清单项目设置情况,掌握各清单项目的工程量计算规则。

学习建议

在理解该章清单项目设置情况及其工作内容的基础上掌握工程量计算规则;由于清单项目内容及计算规则较多,在学习中应多总结。

4.1 楼地面装饰工程

楼地面装饰工程即指楼面(各楼层面)和地面(靠近土壤部分)的装饰,在《房屋建筑与装饰工程工程量计算规范》(GB 50854—2013)中,它包括的分部工程有整体面层及找平层、块料面层、橡塑面层、其他材料面层、踢脚线、楼梯面层、台阶装饰和其他零星装饰项目。

4.1.1 整体面层及找平层清单项目及计算规则

整体面层是指使用的面层材料在凝结后形成一整块无痕的表面。整体面层包括水泥砂浆楼地面、现浇水磨石楼地面(将碎石、玻璃、石英石等骨料和水泥黏结料一块拌制铺设,待其凝结成型后再经表面研磨、抛光的制品,如图 4.1 所示)、细石混凝土楼地面(一般是指,粗骨料最大粒径不大于 15 mm 的混凝土,如图 4.2 所示)、菱苦土楼地面(用菱苦土、锯末、滑石粉和矿物颜料干拌均匀后,加入氯化镁溶液调制成胶泥,铺抹压光,硬化稳定后,用磨光机磨光打蜡而成,如图 4.3 所示)、自流平楼地面(水泥胶凝材料、细骨料和填料以及其他粉状添加剂等原料拌和而成的单组分产品,使用时按生产商的使用说明加水搅拌均匀后使用,如图4.4所示)。

找平层是指因原结构面存在高低不平或坡度而进行找平铺设的基层,常用的材料有水泥砂浆、细石混凝土等。

图4.1　水磨石地面

图4.2　细石混凝土

图4.3　菱苦土地面

图4.4　自流平地面

1)水泥砂浆楼地面、现浇水磨石楼地面、细石混凝土楼地面、菱苦土楼地面、自流平楼地面

按设计图示尺寸以面积计算,单位:m²。扣除凸出地面构筑物、设备基础、室内铁道、地

沟等所占面积,不扣除间壁墙及小于等于 0.3m^2 的柱、垛、附墙烟囱及孔洞所占面积。门洞、空圈、暖气包槽、壁龛的开口部分不增加面积。间壁墙指墙厚小于等于 120 mm 的墙。其工作内容均包括:基层清理,抹找平层、面层,嵌缝条安装(水磨石地面),磨光酸洗打蜡(水磨石与菱苦土地面),涂界面剂和自流平面浆(自流平地面),材料运输。

2) 平面砂浆找平层

按设计图示尺寸以面积计算,单位:m^2。平面砂浆找平层只适用于仅做找平层的平面抹灰。楼地面混凝土垫层另按现浇混凝土基础中垫层项目编码列项,除混凝土外的其他材料垫层按砌筑工程中垫层项目编码列项。工作内容有基层清理、抹找平层、材料运输。

【例 4.1】如图 4.5 所示,求某办公楼二层房间(不包括卫生间、楼梯)及走廊地面整体面层的工程量。做法:1:2.5 水泥砂浆面层厚 25 mm,不单独做门槛石,门洞均为 900 mm 宽。

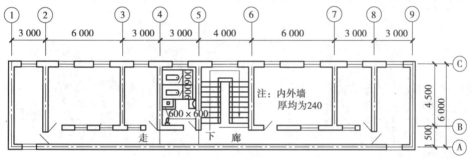

图 4.5　某办公楼二层房间

【解】工程量 $= 2 \times (3 - 2 \times 0.12) \times (6 - 2 \times 0.12) + 2 \times (6 - 2 \times 0.12) \times (4.5 - 2 \times 0.12) + 2 \times (3 - 2 \times 0.12) \times (4.5 - 2 \times 0.12) + (3 \times 7 + 4 - 0.12 \times 2) \times (1.5 - 0.12 \times 2)$

$= 135.59(\text{m}^2)$

4.1.2　块料面层清单项目及计算规则

块料面层包括石材楼地面、碎石材楼地面(图 4.6)、其他块料楼地面。按设计图示尺寸以面积计算,单位:m^2。门洞、空圈、暖气包槽、壁龛的开口部分并入相应的工程量。工作内容包括基层处理、抹找平层、面层铺设、磨边、嵌缝、刷防护材料、酸洗打蜡、材料运输。

图 4.6　碎石材楼地面

【**例**4.2】如图4.5 所示,求某办公楼二层房间(不包括卫生间、楼梯)及走廊地面块料面层的工程量。做法:600 mm×600 mm 瓷砖厚25 mm,不单独做门槛石,门洞均为900 mm 宽。

【**解**】工程量 = $2 \times (3 - 2 \times 0.12) \times (6 - 2 \times 0.12) + 2 \times (6 - 2 \times 0.12) \times (4.5 - 2 \times 0.12) + 2 \times (3 - 2 \times 0.12) \times (4.5 - 2 \times 0.12) + (3 \times 7 + 4 - 0.12 \times 2) \times (1.5 - 0.12 \times 2) + 0.24 \times 0.9 \times 6$

$= 136.89 (\text{m}^2)$

4.1.3 橡塑面层清单项目及计算规则

橡塑面层包括橡胶板楼地面、橡胶卷材楼地面、塑料板楼地面、塑料卷材楼地面,如图4.7、图4.8 所示。工程量计算规则同块料面层。工作内容包括基层清理、面层铺贴、压缝条装订、材料运输。

图4.7 橡胶面层

图4.8 塑料面层

4.1.4 其他材料面层清单项目及计算规则

其他材料面层包括楼地面地毯、竹木(复合)地板、金属复合地板、防静电活动地板,如图4.9、图4.10 所示。工程量计算规则同块料面层。地毯楼地面工作内容包括基层清理、铺贴面层、刷防护材料、装钉压条、材料运输。竹木(复合)地板、金属复合地板工作内容包括基层清理、龙骨铺设、基层铺设、面层铺贴、刷防护材料、材料运输。防静电活动地板工作内容包括基层清理、固定支架安装、活动面层安装、刷防护材料、材料运输。

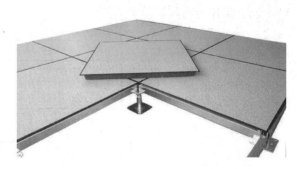

图 4.9　金属复合地板　　　　　　图 4.10　防静电活动地板

4.1.5　踢脚线清单项目及计算规则

踢脚线包括水泥砂浆踢脚线、石材踢脚线、块料踢脚线、塑料板踢脚线、木质踢脚线、金属踢脚线、现浇水磨石踢脚线、防静电踢脚线,如图 4.11 所示。按设计图示长度乘高度以面积计算,单位:m^2;或按延长米计算,单位:m。工作内容包括基层清理、底层抹灰、面层铺贴并磨边、擦缝、磨光酸洗打蜡、刷防护材料、材料运输。

【例 4.3】如图 4.5 所示,求某办公楼二层房间(不包括卫生间、楼梯)及走廊地面石材踢脚线的工程量(门洞均为 900 mm 宽)。

【解】工程量 $= 2 \times 2 \times (3 - 2 \times 0.12 + 6 - 2 \times 0.12) + 2 \times 2 \times (6 - 2 \times 0.12 + 4.5 - 2 \times$
$\qquad 0.12) + 2 \times 2 \times (3 - 2 \times 0.12 + 4.5 - 2 \times 0.12) + (3 \times 7 + 4 + 1.5 - 0.12 \times 2) \times$
$\qquad 2 - 0.9 \times 13 - (4 - 0.24)$
$\qquad = 139.3(m)$

图 4.11　踢脚线

4.1.6　楼梯面层清单项目及计算规则

楼梯面层包括石材楼梯面层、块料楼梯面层、拼碎块料面层、水泥砂浆楼梯面、现浇水磨石楼梯面、地毯楼梯面、木板楼梯面、橡胶(塑料)板楼梯面。按设计图示尺寸以楼梯(包括踏步、休息平台及小于等于 500 mm 的楼梯井)水平投影面积计算,单位:m^2。楼梯与楼地面相连时,楼梯长度算至梯口梁内侧边沿(图4.12);无梯口梁者,算至最上一层踏步边沿加300 mm。工作内容同各种对应面层。

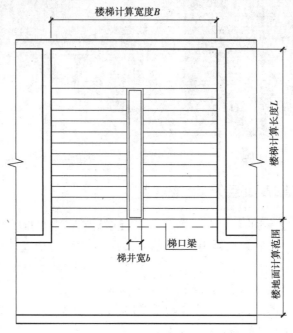

图4.12 楼梯、楼地面计算

【例4.4】如图4.13所示,墙厚240 mm,楼梯井60 mm宽,梯梁宽度250 mm,楼梯满铺芝麻白大理石,试计算楼梯大理石工程量。

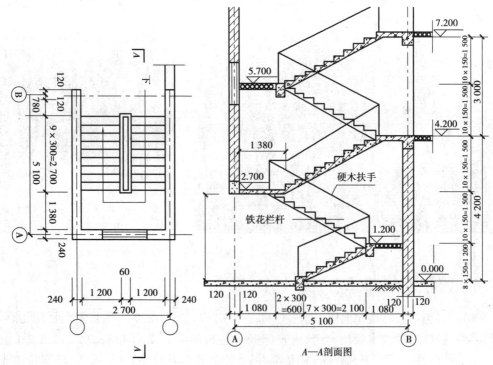

图4.13 楼梯平面图及剖面图

【解】楼梯工程量 $= (2.7 + 1.38 + 0.3) \times (2.7 - 0.24) \times 2 + (2.1 + 0.25) \times 1.2 + 1.08 \times (2.7 - 0.24) = 27.03 (\text{m}^2)$

4.1.7　台阶装饰清单项目及计算规则

台阶面包括石材台阶面、块料台阶面、拼碎块料台阶面、水泥砂浆台阶面、现浇水磨石台阶面、剁假石台阶面。按设计图示尺寸以台阶(包括最上层踏步边沿加 300 mm)水平投影面积计算,单位:m²。工作内容同各种对应面层。

【例4.5】如图 4.14 所示,某学院办公楼入口台阶,花岗石贴面,试计算其台阶工程量。

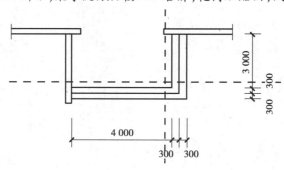

图 4.14　台阶平面图

【解】工程量 $= (4 + 0.3 \times 2) \times (0.3 \times 3) + (3 - 0.3) \times 0.3 \times 3 = 6.57 (\text{m}^2)$

4.1.8　零星装饰清单项目及计算规则

零星装饰包括石材零星项目、碎拼石材零星项目、块料零星项目、水泥砂浆零星项目。按设计图示尺寸以面积计算,单位:m²。楼梯、台阶侧面装饰,不大于 0.5 m² 少量分散的楼地面装修,应按零星装饰项目编码列项。

4.2　墙、柱面装饰工程

墙、柱面装饰工程包括的分部工程有墙(柱)面抹灰、墙(柱)面块料面层、墙(柱)饰面、幕墙工程及隔断。

4.2.1　墙面抹灰

墙面抹灰包括墙面一般抹灰、墙面装饰抹灰、墙面勾缝、立面砂浆找平层。工程量按设计图示尺寸以面积计算,单位:m²。扣除墙裙、门窗洞口及单个大于 0.3 m² 的孔洞面积,不扣除踢脚线、挂镜线和墙与构件交接处的面积,门窗洞口和孔洞的侧壁及顶面不增加面积。附墙柱、梁、垛、烟囱侧壁并入相应的墙面面积内。飘窗凸出外墙面增加的抹灰并入外墙工程量内。工作内容有基层清理、砂浆制作与运输、底层抹灰、抹面层、抹装饰面、勾分隔缝。

　①外墙抹灰面积按外墙垂直投影面积计算。

　②外墙裙抹灰面积按其长度乘以高度计算。

③内墙抹灰面积按主墙间的净长乘以高度计算。无墙裙的内墙高度按室内楼地面至天棚底面计算;有墙裙的内墙高度按墙裙顶至天棚底面计算。有吊顶天棚抹灰,高度算至天棚底,但有吊顶天棚的内墙面抹灰,抹至吊顶以上部分在综合单价中考虑。

④内墙裙抹灰面积按内墙净长乘以高度计算。

立面砂浆找平项目适用于仅做找平层的立面抹灰。墙面抹石灰砂浆、水泥砂浆、混合砂浆、聚合物水泥砂浆、麻刀石灰浆、石膏灰浆等按墙面一般抹灰列项;墙面水刷石、斩假石、干粘石、假面砖等按墙面装饰抹灰列项,如图4.15至图4.18所示。

图4.15　水刷石

图4.16　斩假石

图4.17　假面砖

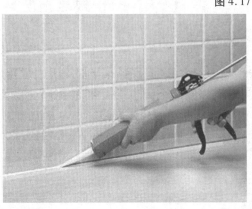

图4.18　墙面勾缝

图 4.18　墙面勾缝(续)

4.2.2　柱(梁)面抹灰

柱(梁)面抹灰包括柱(梁)面一般抹灰、柱(梁)面装饰抹灰、柱(梁)面砂浆找平层、柱面勾缝。按设计图示柱(梁)断面周长乘以高度以面积计算,单位:m^2。柱(梁)面抹石灰砂浆、水泥砂浆、混合砂浆、聚合物水泥砂浆、麻刀石灰浆、石膏灰浆等按柱(梁)面一般抹灰编码列项;柱(梁)面水刷石、斩假石、干粘石、假面砖等按柱(梁)面装饰抹灰项目编码列项。工作内容同墙面抹灰。

4.2.3　零星抹灰

墙、柱(梁)面小于等于 $0.5\ m^2$ 的少量分散的抹灰按零星抹灰项目编码列项,包括零星项目一般抹灰、零星项目装饰抹灰、零星砂浆找平层。按设计图示尺寸以面积计算,单位:m^2。

4.2.4　墙面块料面层

墙面块料面层包括石材墙面、碎拼石材、块料墙面和干挂石材钢骨架。

1)石材墙面、碎拼石材、块料墙面

按镶贴表面积计算,单位:m^2。项目特征中安装的方式可描述为砂浆或黏结剂粘贴、挂贴、干挂等,不论哪种安装方式,都要详细描述与组价相关的内容。工作内容包括基层清理、砂浆制作与运输、黏结层铺贴、面层安装、嵌缝、刷防护材料、磨光酸洗打蜡。

2)干挂石材钢骨架

按设计图示尺寸以质量计算,单位:t。工作内容包括骨架制作、运输、安装、刷漆。

挂贴石材、干挂石材、镶贴石材的区别:挂贴石材又名湿挂,是在墙面做上钢筋龙骨,用铜丝将石材与钢筋连接固定后,在缝里灌浆;干挂石材是在墙面用型钢做龙骨,用不锈钢干挂件将石材与龙骨连接固定(图 4.19);镶贴石材是将石材嵌入墙中固定。

图 4.19 干挂石材

4.2.5 柱(梁)面镶贴块料

1)石材柱(梁)面、块料柱(梁)面、拼碎块柱面

按设计图示尺寸以镶贴表面积计算,单位:m^2。工作内容同墙面块料面层。

2)柱(梁)面干挂石材的钢骨架

按墙面块料面层中的干挂石材钢骨架列项。工作内容同墙面干挂石材。

4.2.6 零星镶贴块料

墙柱面≤0.5 m^2 的少量分散的镶贴块料面层按零星项目执行,包括石材零星项目、块料零星项目、拼碎块零星项目。按设计图示尺寸以镶贴表面积计算,单位:m^2。

4.2.7 墙饰面

墙饰面包括墙面装饰板、墙面装饰浮雕,如图 4.20、图 4.21 所示。

图 4.20 墙饰面龙骨　　　　　　　　　图 4.21 墙面浮雕

1)饰面板

按设计图示墙净长乘以净高以面积计算,单位:m^2。扣除门窗洞口及单个大于 0.3 m^2 的孔洞所占面积。工作内容包括基层清理、龙骨制作、运输、安装、钉隔离层、基层铺钉、面层铺贴。

2) 墙面装饰浮雕

按设计图示尺寸以面积计算,单位:m²。工作内容包括基层清理、材料制作与运输、安装成型。

4.2.8　柱(梁)饰面

柱(梁)饰面包括柱(梁)面装饰和成品装饰柱。

1) 柱(梁)面装饰

按设计图示饰面外围尺寸以面积计算,单位:m²。柱帽、柱墩并入相应柱饰面工程量内。工作内容同墙面装饰板。

2) 成品装饰柱

设计数量以"根"计算;或按设计长度以"m"计算。工作内容包括柱运输、固定、安装。

4.2.9　幕墙工程

幕墙工程包括带骨架幕墙和全玻(无框玻璃)幕墙,如图 4.22、图 4.23 所示。

图 4.22　带骨架幕墙　　　　　　　　图 4.23　全玻幕墙

1) 带骨架幕墙

按设计图示框外围尺寸以面积计算,单位:m²。与幕墙同种材质的窗所占面积不扣除。工作内容包括骨架制作、运输、安装,面层安装,隔离带、框边封闭、嵌缝、塞口、清洗。

2) 全玻(无框玻璃)幕墙

按设计图示尺寸以面积计算,单位:m²。带肋全玻幕墙按展开面积计算。工作内容包括幕墙安装、嵌缝、塞口、清洗。

4.2.10　隔断

隔断包括木隔断、金属隔断、玻璃隔断、塑料隔断、成品隔断等,如图 4.24 所示。

1) 木隔断、金属隔断

按设计图示框外围尺寸以面积计算,单位:m²。不扣除单个小于等于 0.3 m² 的孔洞所占面积;浴厕门的材质与隔断相同时,门的面积并入隔断面积内。

图 4.24　隔断

2) 玻璃隔断、塑料隔断

按设计图示框外围尺寸以面积计算。不扣除单个≤0.3 m² 的孔洞所占面积。

3) 成品隔断

按设计图示框外围尺寸以面积计算;或按设计间的数量以"间"计算。

【例 4.6】平房内墙面抹水泥砂浆,如图 4.25 所示。试计算内墙面抹水泥砂浆工程量。

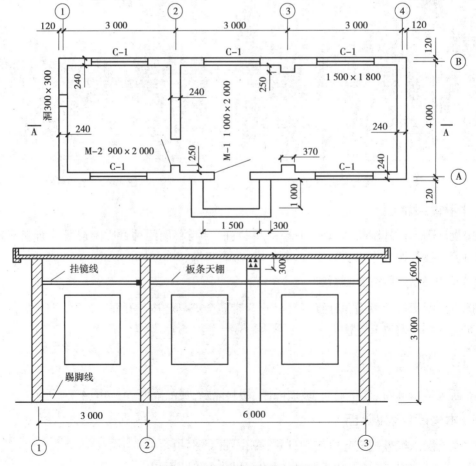

图 4.25　平房平面图及剖面图

【解】内墙面抹水泥砂浆工程量 $= \{[(3 - 0.12 \times 2) + (4 - 0.12 \times 2)] \times 2 \times (3 + 0.6) -$
$1.5 \times 1.8 \times 2 - 0.9 \times 2\} + \{[(3 \times 2 - 0.12 \times 2) \times 2 +$
$(4 - 0.12 \times 2) \times 2 + 0.25 \times 4] \times 3 - 1.5 \times 1.8 \times 3 -$
$0.9 \times 2 - 1 \times 2\}$
$= 87.96 (\text{m}^2)$

4.3　天棚工程

天棚工程包括的分部工程有天棚抹灰、天棚吊顶、采光天棚和天棚其他装饰四部分。

4.3.1　天棚抹灰

按设计图示尺寸以水平投影面积计算,单位:m²。不扣除间壁墙、垛、柱、附墙烟囱、检查口和管道所占的面积,带梁天棚、梁两侧抹灰面积并入天棚面积内,板式楼梯底面抹灰按斜面积计算,锯齿形楼梯底板抹灰按展开面积计算(图4.26)。工作内容包括基层清理、底层抹灰、抹面层。

图 4.26　锯齿形楼梯底板

4.3.2　天棚吊顶

1)吊顶天棚

按设计图示尺寸以水平投影面积计算,单位:m²。天棚面中的灯槽及跌级、锯齿形、吊挂式、藻井式天棚面积不展开计算。不扣除间壁墙、检查口、附墙烟囱、柱垛和管道所占面积,扣除单个大于 0.3 m² 的孔洞、独立柱及与天棚相连的窗帘盒所占的面积。工作内容有基层清理、吊杆安装、龙骨安装、基层板铺贴、面层铺贴、嵌缝与刷防护材料,如图4.27至图4.29所示。

2)格栅吊顶、吊筒吊顶、藤条造型悬挂吊顶、织物软雕吊顶、装饰网架吊顶

按设计图示尺寸以水平投影面积计算,单位:m²。格栅吊顶的工作内容与天棚吊顶类似;吊筒吊顶的工作内容有基层清理、吊筒制作安装、刷防护材料;藤条吊顶、织物吊顶的工

作内容有基层清理、龙骨安装、铺贴面层;装饰网架吊顶的工作内容有基层清理、网架制作安装,如图 4.30 至图 4.35 所示。

图 4.27　龙骨

图 4.28　基层

图 4.29　面层

图 4.30　格栅吊顶

图 4.31　吊筒吊顶(以筒灯为主要的
灯光装饰材料)

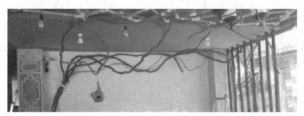

图 4.32　藤条吊顶

图 4.33　软雕吊顶　　　　　　　　　　　图 4.34　织物吊顶

4.3.3　采光天棚

采光天棚骨架应单独按金属结构工程相关项目编码列项。其工程量计算按框外围展开面积计算,单位:m²。工作内容有清理基层、面层制作安装、嵌缝塞口、清洗,如图 4.36 所示。

图 4.35　装饰网架吊顶　　　　　　　　　　图 4.36　采光天棚

4.3.4 天棚其他装饰

1)灯带(槽)

按设计图示尺寸以框外围面积计算(图4.37),单位:m²。

2)送风口、回风口

按设计图示数量计算(图4.38),单位:个。

图4.37 灯带(槽)

图4.38 送(出)风口

【例4.7】求图4.39所示一层楼的天棚抹灰工程量。

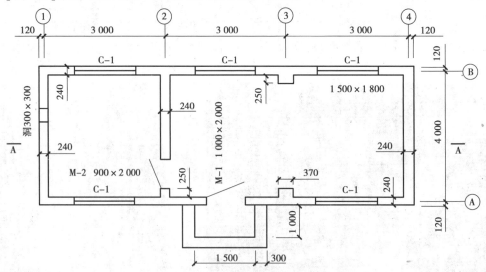

图4.39 某一层楼平面图

【解】工程量 = (3×3-0.24)×(4-0.24)-(4-0.24)×0.24 = 32.04(m²)

【例4.8】如图4.40所示,试计算天棚吊顶工程量。

【解】工程量 = 6×6-0.4×0.6×2(柱)-1.8×0.2(窗帘盒) = 35.16(m²)

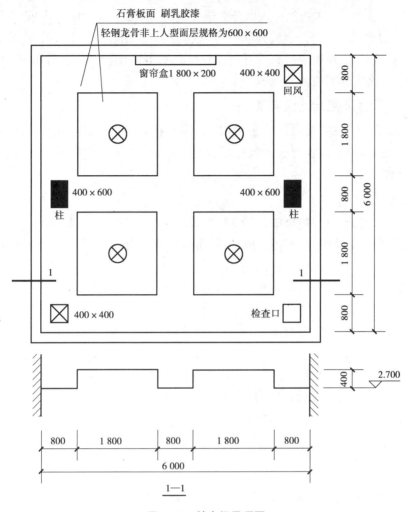

图 4.40 某房间吊顶图

4.4 油漆、涂料、裱糊及其他装饰工程

4.4.1 油漆、涂料、裱糊工程

1)门油漆

门油漆包括木门油漆、金属门油漆,其工程量计算按设计图示数量或设计图示单面洞口面积计算,单位:樘/ m²。木门油漆应区分单层木门、双层(一玻一纱)木门、双层(单裁口)木门、全玻自由门、半玻自由门、装饰门及有框门或无框门等,分别编码列项。金属门油漆应区分平开门、推拉门、钢制防火门等项目,分别编码列项。工作内容有基层清理、刮泥子、刷油漆。

2)窗油漆

窗油漆包括木窗油漆、金属窗油漆,其工程量计算按设计图示数量或设计图示单面洞口面积计算,单位:樘/m²。木窗油漆应区分单层玻璃窗、双层(一玻一纱)木窗、双层框扇(单裁口)木窗、双层框三层(二玻一纱)木窗、单层组合窗、双层组合窗、木百叶窗、木推拉窗等,分别编码列项。金属窗油漆应区分平开窗、推拉窗、固定窗、组合窗、金属隔栅窗等项目,分别编码列项。工作内容同门油漆。

3)木扶手及其他板条、线条油漆

此项包括木扶手油漆、窗帘盒油漆,封檐板、顺水板油漆,挂衣板、黑板框油漆,挂镜线、窗帘棍、单独木线油漆。按设计图示尺寸以长度计算,单位:m。木扶手应区分带托板与不带托板,分别编码列项。

4)木材面油漆

①木护墙、木墙裙油漆,窗台板、筒子板、盖板、门窗套、踢脚线油漆,清水板条天棚、檐口油漆,木方格吊顶天棚油漆,吸声板墙面、天棚面油漆,暖气罩油漆及其他木材面油漆。其工程量均按设计图示尺寸以面积计算,单位:m²。

②木间壁、木隔断油漆,玻璃间壁露明墙筋油漆,木栅栏、木栏杆(带扶手)油漆。按设计图示尺寸以单面外围面积计算,单位:m²。

③衣柜、壁柜油漆,梁柱饰面油漆,零星木装修油漆。按设计图示尺寸以油漆部分展开面积计算,单位:m²。

④木地板油漆、木地板烫硬蜡面。按设计图示尺寸以面积计算,单位:m²,空洞、空圈、暖气包槽、壁龛的开口部分并入相应的工程量内。

5)金属面油漆

其工程量可按设计图示尺寸以质量计算,单位:t;或按设计展开面积计算,单位:m²。

6)抹灰面油漆

①抹灰面油漆。按设计图示尺寸以面积计算,单位:m²。
②抹灰线条油漆。按设计图示尺寸以长度计算,单位:m。
③满刮泥子。按设计图示尺寸以面积计算,单位:m²。

7)刷喷涂料

①墙面喷刷涂料、天棚喷刷涂料。按设计图示尺寸以面积计算,单位:m²。
②空花格、栏杆刷涂料。按设计图示尺寸以单面外围面积计算,单位:m²。
③线条刷涂料。按设计图示尺寸以长度计算,单位:m。
④金属构件刷防火涂料。可按设计图示尺寸以质量计算,单位:t;或按设计展开面积计算,单位:m²。
⑤木材构件喷刷防火涂料。工程量按设计图示以面积计算,单位:m²。

8)裱糊

此项包括墙纸裱糊、织锦缎裱糊。按设计图示尺寸以面积计算,单位:m²。

4.4.2　其他装饰工程

1）柜类、货架

此项包括柜台、酒柜、衣柜、存包柜、鞋柜、书柜、厨房壁柜、木壁柜、厨房低柜、厨房吊柜、矮柜、吧台背柜、酒吧吊柜、酒吧台、展台、收银台、试衣间、货架、书架、服务台。工程量计算有三种方式可供选择：按设计图示数量计算，单位：个；或按设计图示尺寸以延长米计算，单位：m；或按设计图示尺寸以体积计算，单位：m³。

2）压条、装饰线

此项包括金属装饰线、木质装饰线、石材装饰线、石膏装饰线、镜面玻璃线、铝塑装饰线、塑料装饰线、GRC 装饰线条。按设计图示尺寸以长度计算，单位：m。

3）扶手、栏杆、栏板装饰

此项包括金属扶手、栏杆、栏板，硬木扶手、栏杆、栏板，塑料扶手、栏杆、栏板，GRC 栏杆、扶手，金属靠墙扶手、硬木靠墙扶手、塑料靠墙扶手、玻璃栏板。按设计图示尺寸以扶手中心线以长度（包括弯头长度）计算，单位：m。

4）暖气罩

此项包括饰面板暖气罩、塑料板暖气罩、金属暖气罩。按设计图示尺寸以垂直投影面积（不展开）计算。

5）浴厕配件

①洗漱台按设计图示尺寸以台面外接矩形面积计算。不扣除孔洞、挖弯、削角所占面积，挡板、吊沿板面积并入台面面积内。

②晒衣架、帘子杆、浴缸拉手、卫生间扶手、毛巾杆（架）、毛巾环、卫生纸盒、肥皂盒、镜箱按设计图示数量计算。

③镜面玻璃按设计图示尺寸以边框外围面积计算，镜箱按设计图示数量计算。

6）雨篷、旗杆

①雨篷吊挂饰面、玻璃雨篷按设计图示尺寸以水平投影面积计算。

②金属旗杆按设计图示数量计算，单位：根。

7）招牌、灯箱

①平面、箱式招牌按设计图示尺寸以正立面边框外围面积计算。复杂型的凸凹造型部分不增加面积。

②竖式标箱、灯箱、信报箱按设计图示数量计算。

8）美术字

此项包括泡沫塑料字、有机玻璃字、木质字、金属字、吸塑字。按设计图示数量计算，单位：个。

4.5 定额与清单的区别

4.5.1 楼地面装饰工程

①《贵州省建筑与装饰工程计价定额》(GZ 01-31—2016)(凡未单独注明者,以下所说定额皆为该定额)中,找平层、面层、块料面层的倒角磨边、弧形切割、磨光、打胶、刷养护液等分别单独列项报价;而清单列项时各面层包含找平层等内容,所以在清单计价中,各楼地面面层的综合单价应包含找平层等工作内容的单价。

②在定额中,踢脚线按设计图示长度乘以高度以面积计算;而清单中可以按面积也可以按延长米计算。

③在定额中,楼梯及台阶防滑条单独列项,按设计图示尺寸以延长米计算,设计未注明时,按楼梯踏步两端距离各减150 mm以延长米计算;而清单中不单独列项,被包含在楼梯及台阶面层中。

4.5.2 墙、柱面装饰工程

①定额中,墙面找平层、刷界面剂单独列项;而在清单中它们被包含在相应的面层中。

②在定额中,有吊顶天棚的内墙面抹灰,高度按室内地面或楼面至天棚底面净高另加120 mm计算;而在清单中高度算至天棚底。

③在定额中,墙饰面的龙骨、基层、面层分别单独列项;而在清单中被包含在墙饰面中。

4.5.3 天棚工程

①在定额中,天棚龙骨、基层、面层分别单独列项,且基层板按展开面积计算;而在清单中被包含在各天棚吊顶中按水平投影面积计算。

②在定额中,密肋梁和井字梁的抹灰按展开面积计算,其他按水平投影面积计算;而在清单中,天棚抹灰均按水平投影面积计算。

4.5.4 油漆、涂料、裱糊工程

①在定额中规定,附着在同材质装饰面上的木线条、石膏线条等油漆、涂料,与装饰面同色的,并入装饰面计算,与装饰面分色者,单独计算;门窗套、窗台板、腰线、压顶等抹灰面油漆、涂料,与整体墙面同色者,并入墙面计算,与整体墙面分色者,单独计算。而在清单中木线条、石膏线条按线条油漆、涂料列项,不存在与装饰面同色或分色;门窗套、窗台板等也为单独列项,不存在与整体墙面同色或分色。不过清单计价的理念是市场竞价,报价的主动权在投标单位方,如何综合考虑项目的列项、报价的合理性也由投标单位自主把握。

②在定额中,纸面石膏板等装饰板材面刮泥子喷刷油漆、涂料,按抹灰面刮泥子喷刷油漆、涂料计算;而在清单中单独列项装饰板材面进行列项。

③在定额中,抹灰面、木材面、金属面等不同面上的油漆、涂料分墙面、顶棚分别计算价格;而在清单中不再区分墙面和顶面分别计算,若墙面和顶面油漆、涂料价格不同,可综合考

虑在单价中。

4.5.5　其他装饰工程

其他装饰工程虽然内容烦琐,但定额与清单在内容上并无太大区别。

①在定额中,石材洗漱台的价格并未包括磨边、倒角、开面盆洞口等内容,若实际发生时单独列项计算并按照本章相应磨边等单价执行;而在清单中这些内容被包含在洗漱台项目中。

②在定额中,旗杆项目未包括旗杆基础、台座和饰面内容,现场实际发生时,另行计算;而在清单中,旗杆项目均包含以上内容。

③在定额中,石材、瓷砖等需要在现场加工的倒角、磨制圆边、开槽、开孔等均需单独列项报价;而清单计价不必单独列项。

本章小结

本章依次对楼地面装饰工程,墙、柱面工程,天棚工程,油漆、涂料、裱糊工程,其他零星工程的工程量清单项目设置及计算规则、计算方法做了详细的解读,同时把定额与清单计算规则不同之处一一指出。

课后习题

一、单项选择题

1.以下关于现浇水磨石楼地面计算,说法正确的是(　　　)。

　　A.扣除间壁墙的面积　　　　　　　　B.扣除柱所占面积

　　C.包含门洞开口部分面积　　　　　　D.扣除凸出地面构筑物面积

2.以下按实铺面积计算工程量的是(　　　)。

　　A.整体面层　　　　　B.找平层　　　　　C.块料面层　　　　　D.台阶面层

3.以下不属于楼梯面层的工程量计算内容的是(　　　)。

　　A.踏步　　　　　　　　　　　　　　B.楼层平台

　　C.休息平台　　　　　　　　　　　　D.500 mm 以内的楼梯井

4.外墙面装饰抹灰面积,按设计图示尺寸以面积计算,扣除门窗洞口及单个大于(　　　)以上的空洞所占面积。

　　A.0.3 m² 　　　　　B.0.2 m² 　　　　　C.0.4 m² 　　　　　D.0.5 m²

5.内墙墙面铺花岗岩工程量按(　　　)计算。

　　A.主墙间净面积　　　B.墙中线围成面积　　C.墙外边线围成面积　　D.镶贴表面积

6.柱饰面积按(　　　)尺寸乘以高度计算。

　　A.结构断面周长　　　B.外围饰面周长　　　C.结构外围面积　　　D.实贴面积

7.天棚抹灰面积(　　　)。

　　A.按主墙轴线间面积计算

  B. 按主墙外围面积计算

  C. 扣除柱所占的面积

  D. 按设计图示尺寸以水平投影面积计算

8. 吊顶天棚按(　　)计算。

  A. 展开面积   B. 水平投影面积   C. 净面积   D. 建筑面积

9. 金属构件油漆工程量按(　　)计算。

  A. 油漆重量   B. 油漆面积   C. 构件面积   D. 构件长度

10. 装饰线条均按(　　)计算。

  A. 水平投影面积   B. 建筑面积   C. 长度   D. 展开面积

二、计算题

  某工程楼面建筑平面如图 4.41 所示,设计楼面做法为 30 mm 厚细石混凝土找平,1∶3 水泥砂浆铺贴 300 mm×300 mm 地砖面层,踢脚为 150 mm 高地砖。求楼面装饰的工程量。其中,M1∶900 mm×2 400 mm,M2∶900 mm×2 400 mm,C1∶1 800 mm×1 800 mm。

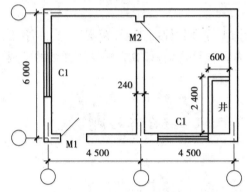

图 4.41 某工程楼建筑平面示意图

第 5 章
措施项目

学习目标

　　了解工程措施项目的定义、分类、内容;掌握《房屋建筑与装饰工程工程量计算规范》(GB 50854—2013)中措施项目工程量的计算规则,并能够计算措施项目工程量。

学习建议

　　先熟悉工程措施项目的定义、分类、内容,熟记《房屋建筑与装饰工程工程量计算规范》(GB 50854—2013)中措施项目的计算规则,然后通过例题对措施项目的工程量进行计算。

5.1　措施项目概述

5.1.1　措施项目的定义

　　措施项目是指为完成工程项目施工,发生于该工程施工准备和施工过程中的技术、生活、安全、环境保护等方面的项目。措施项目费即实施措施项目所发生的费用。措施项目费由组织措施项目费和技术措施项目费组成。

5.1.2　措施项目的内容

　　《房屋建筑与装饰工程工程量计算规范》(GB 50854—2013)中规定的措施项目,包括脚手架工程,混凝土模板及支架(撑),超高施工增加,垂直运输,大型机械设备进出场及安拆,施工排水、施工降水,安全文明施工及其他措施项目。

5.1.3 措施项目费的构成

措施项目费是指为完成建设工程施工,发生于该工程施工准备和施工过程中的技术生活、安全、环境保护等方面的费用。措施项目及其包含的内容应遵循各类专业工程的现行国家或行业工程量计算规范。以《房屋建筑与装饰工程工程量计算规范》(GB 50854—2013)中的规定为例,措施项目费可以归纳为以下几项:

1)脚手架费

脚手架费是指施工需要的各种脚手架搭、拆、运输费用以及脚手架购置费的摊销(或租赁)费用。通常包括以下内容:

①施工时可能发生的场内、场外材料搬运费用;

②搭、拆脚手架、斜道、上料平台费用;

③安全网的铺设费用;

④拆除脚手架后材料的堆放费用。

2)混凝土模板及支架(撑)费

混凝土施工过程中需要的各种钢模板、木模板、支架等的支拆、运输费用及模板、支架的摊销(或租赁)费用。内容由以下各项组成:

①混凝土施工过程中需要的各种模板制作费用;

②模板安装、拆除、整理堆放及场内外运输费用;

③清理模板黏结物及模内杂物、刷隔离剂等费用。

3)垂直运输费

垂直运输费是指现场所用材料、机具从地面运至相应高度以及工作人员上下工作面等所发生的运输费用。内容由以下各项组成:

①垂直运输机械的固定装置、基础制作、安装费;

②行走式垂直运输机械轨道的铺设、拆除、摊销费。

4)超高施工增加费

当单层建筑物檐口高度超过 20 m,多层建筑物超过 6 层时,可计算超高施工增加费,内容由以下各项组成:

①建筑物超高引起的人工工效降低以及由于人工工效降低引起的机械降效费;

②高层施工用水加压水泵的安装、拆除及工作台班费;

③通信联络设备的使用及摊销费。

5)大型机械设备进出场及安拆费

机械整体或分体自停放场地运至施工现场或由一个施工地点运至另一个施工地点,所发生的机械进出场运输和转移费用及机械在施工现场进行安装、拆卸所需的人工费、材料费、机具费、试运转费和安装所需的辅助设施的费用。内容由安拆费和进出场费组成:

①安拆费包括施工机械、设备在现场进行安装拆卸所需人工、材料、机具和试运转费用

以及机械辅助设施的折旧、搭设、拆除等费用。

②进出场费包括施工机械、设备整体或分体自停放地点运至施工现场或由一施工地点运至另一施工地点所发生的运输、装卸、辅助材料等费用。

6) 施工排水、降水费

施工排水、降水费是指将施工期间有碍施工作业和影响工程质量的水排到施工场地以外,以及防止在地下水位较高的地区开挖深基坑出现基坑浸水,地基承载力下降,在动水压力作用下还可能引起流砂、管涌和边坡失稳等现象而必须采取有效的降水和排水措施费用。该项费用由成井和排水、降水两个独立的费用项目组成。

(1)成井

成井的费用主要包括:

①准备钻孔机械、埋设护筒、钻机就位,泥浆制作固壁,成孔、出渣、清孔等费用;

②对接上、下井管(滤管),焊接,安防,下滤料,洗井,连接试抽等费用。

(2)排水、降水

排水、降水的费用主要包括:

①管道安装、拆除,场内搬运等费用;

②抽水、值班、降水设备维修等费用。

7) 安全文明施工费

安全文明施工费是指工程项目施工期间,施工单位为保证安全施工、文明施工和保护现场内外环境等所发生的措施项目费用,通常由环境保护费、文明施工费、安全施工费、临时设施费组成。

- 环境保护费:施工现场为达到环保部门要求所需要的各项费用。
- 文明施工费:施工现场文明施工所需要的各项费用。
- 安全施工费:施工现场安全施工所需要的各项费用。
- 临时设施费:施工企业为进行建设工程施工所必须搭设的生活和生产用的临时建筑物、构筑物和其他临时设施费用,包括临时设施的搭设、维修、拆除、清理费或摊销费等。

各项安全文明施工费的具体工作内容及包含范围如下:

(1)环境保护

工作内容及包含范围:

①现场施工机械设备降低噪声、防扰民措施费用;

②水泥和其他易飞扬细颗粒建筑材料密闭存放或采取覆盖措施等费用;

③工程防扬尘洒水费用;

④土石方、建筑弃渣外运车辆防护措施费用;

⑤现场污染源的控制、生活垃圾清理外运、场地排水排污措施费用;

⑥其他环境保护措施费用。

(2)文明施工

工作内容及包含范围:

①现场施工机械设备降低噪声、防扰民措施费用;

②"五牌一图"费用,现场厕所便槽刷白、贴面砖,水泥砂浆地面或地砖铺砌,建筑物内临时便溺设施费用;

③其他施工现场临时设施的装饰装修、美化措施费用;

④现场生活卫生设施费用;

⑤符合卫生要求的饮水设备、淋浴、消毒等设施费用;

⑥文明施工生活用洁净燃料费用;

⑦防煤气中毒、防蚊虫叮咬等措施费用;

⑧施工现场操作场地的硬化费用,现场绿化费用、治安综合治理费用;

⑨现场配备医药保健器材、物品费用和急救人员培训费用,现场工人的防暑降温、电风扇、空调等设备及用电费用;

⑩其他文明施工措施费用。

(3)安全施工

工作内容及包含范围:

①安全资料,特殊作业专项方案的编制,安全施工标志的购置及安全宣传费用;

②"三宝"(安全帽、安全带、安全网)、"四口"(楼梯口、电梯井口、通道口、预留洞口)、"五临边"(阳台周边、楼板周边、屋面周边、槽坑周边、卸料平台两侧),水平防护;

③架垂直防护架、外架封闭等防护费用;

④施工安全用电的费用(包括配电箱三级配电、两级保护装置要求、外电防护措施费用),起重机、塔吊等起重设备(含井架、门架)及外用电梯的安全防护措施(含警示标志)及卸料平台的临边防护、层间安全门、防护棚等设施费用,建筑工地起重机械的检验检测费用;

⑤施工机具防护棚及其围栏的安全保护设施费用,施工安全防护通道费用,工人的安全防护用品、用具购置费用;

⑥消防设施与消防器材的配置费用;

⑦电气保护、安全照明设施费;

⑧其他安全防护措施费用。

(4)临时设施

工作内容及包含范围:

①施工现场采用彩色、定型钢板,砖、混凝土砌块等围挡的安砌、维修、拆除费用;

②施工现场临时建筑物、构筑物的搭设、维修、拆除,如临时宿舍、办公室、食堂、厨房、厕所、诊疗所、临时文化福利用房、临时仓库、加工场、搅拌台、临时简易水塔、水池等费用;

③施工现场临时设施的搭设、维修、拆除,如临时供水管道、临时供电管线、小型临时设施等费用;

④施工现场规定范围内临时易道路销议,临时排水沟、排水设施安曲、维修、拆除费用;

⑤其他临时设施搭设、维修、拆除费用。

8)其他措施项目费

(1)夜间施工增加费

夜间施工增加费是指因夜间施工所发生的夜班补助费、夜间施工降效、夜间施工照明设备摊销及照明用电等措施费用。内容由以下各项组成:

①夜间固定照明灯具和临时可移动照明灯具的设置、拆除费用；

②夜间施工时,施工现场交通标志、安全标牌、警示灯的设置、移动、拆除费用；

③夜间照明设备摊销及照明用电、施工人员夜班补助、夜间施工劳动效率降低等费用。

（2）非夜间施工照明费

非夜间施工照明费是指为保证工程施工正常进行,在地下室等特殊施工部位施工时所采用的照明设备的安拆、维护及照明用电等费用。

（3）二次搬运费

二次搬运费是指因施工管理需要或因场地狭小等原因,导致建筑材料、设备等不能一次搬运到位,必须发生的二次或以上搬运所需的费用。

（4）冬、雨季施工增加费

冬、雨季施工增加费是指因冬、雨季天气原因导致施工效率降低加大投入而增加的费用,以及为确保冬、雨季施工质量和安全而采取的保温、防雨等措施所需的费用。内容由以下各项组成：

①冬、雨（风）季施工时增加的临时设施（防寒保温、防雨、防风设施）的搭设、拆除费用；

②冬、雨（风）季施工时,对砌体、混凝土等采用的特殊加温、保温和养护措施费用；

③冬、雨（风）季施工时,施工现场的防滑处理、对影响施工的雨雪的清除费用；

④冬、雨（风）季施工时增加的临时设施、施工人员的劳动保护用品、冬雨（风）季施工劳动效率降低等费用。

（5）地上、地下设施和建筑物的临时保护设施费

在工程施工过程中,对已建成的地上、地下设施和建筑物进行的遮盖、封闭、隔离等必要保护措施所发生的费用。

（6）已完工程及设备保护费

竣工验收前,对已完工程及设备采取的覆盖、包裹、封闭、隔离等必要保护措施所发生的费用。

5.2　措施项目计量与计价

5.2.1　脚手架工程

脚手架是施工现场为工人操作并解决垂直和水平运输而搭设的各种支架。在建筑工地上用在外墙、内部装修或层高较高无法直接施工的地方,主要为了施工人员上下干活或外围安全网维护及高空安装构件等,如图 5.1 所示。

1）说明

脚手架的清单项包括外脚手架、里脚手架、满堂脚手架、悬空及挑脚手架、综合脚手架等内容,如图 5.2 所示。脚手架费通常按建筑面积或垂直投影面积以"m^2"计算。

2）工程量计算规则（一般规定）

（1）综合脚手架

综合脚手架按设计图示尺寸以建筑面积计算。

图 5.1　脚手架

	编码	清单项	单位
1	011701001	综合脚手架	m2
2	011701002	外脚手架	m2
3	011701003	里脚手架	m2
4	011701004	悬空脚手架	m2
5	011701005	挑脚手架	m
6	011701006	满堂脚手架	m2
7	011701007	整体提升架	m2
8	011701008	外装饰吊篮	m2

图 5.2　脚手架清单

(2)单项脚手架

①计算内、外墙脚手架时,均不扣除门、窗、洞口、空圈等所占面积。同一建筑物高度不同时,按不同高度分别计算。外脚手架、整体提升架按外墙外边线长度(有阳台及突出外墙大于 240 mm 墙垛及附墙井道等按展开长度)乘以搭设高度以面积计算。不扣除门、窗洞口所占面积。

②建筑物内墙砌筑按墙面垂直投影面积计算。独立柱按设计图示尺寸,以结构外围周长另加 3.6 m 乘以高度以面积计算。

③现浇钢筋混凝土单梁按地(楼)面至梁顶面的高度乘以梁净长以面积计算;现浇钢筋混凝土墙按地(楼)面至楼板底间的高度乘以墙净长以面积计算。

④满堂脚手架按室内净面积计算,层高高度大于 3.6 m 且 =5.2 m 计算基本层,层高大于 5.2 m 时,每增加 0.6 m 至 1.2 m 按一个增加层计算,不足 0.6m 的不计。

⑤挑脚手架按搭设长度计算;悬空脚手架按搭设水平投影面积计算;吊篮脚手架按外墙外边线长度(有阳台及突出外墙大于 240 mm 墙垛及附墙井道等按展开长度)乘以外墙高度以面积计算。不扣除门窗洞口所占面积。内墙面粉饰脚手架按内墙垂直投影面积计算,不扣除门窗洞口所占面积。

⑥水平防护架,按水平投影面积计算。垂直防护架,按自然地坪至最上一层横杆之间的搭设高度乘以搭设长度,以面积计算。

⑦建筑物垂直封闭按封闭面的垂直投影面积计算。

⑧屋顶烟囱按设计图示烟囱外围周长另加 3.6 m 乘以烟囱出屋顶高度以面积计算。

⑨管沟墙及砖基础按设计图示砌筑长度乘以高度以面积计算。

⑩深基坑护栏按搭设长度计算。

（3）其他脚手架

①烟囱、水塔脚手架，区别不同高度以座计算。烟囱、水塔高度指室外地坪至烟囱上口顶部或水塔顶盖上表面的距离。

②电梯井脚手架按单孔以座计算。

3）工程量计算

（1）外脚手架

外脚手架工程量按外墙面垂直投影面积计算。

长度：外墙外包线（凸出墙面宽度大于 240 mm 的墙垛等，按图示尺寸展开计算，并入外墙长度内），如图 5.3 所示。

高度：挑檐—设计室外地坪至檐口屋面板面。女儿墙—设计室外地坪至女儿墙压顶面。

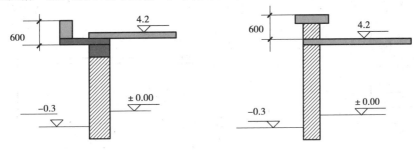

图 5.3　外脚手架

①砌筑高度在 15 m 以下的按单排脚手架计算；

②高度在 15 m 以上或高度虽小于 15 m，但外墙门窗及装饰面积超过外墙表面积 60%（或外墙为现浇混凝土墙、轻质砌块墙）时，按双排脚手架计算；

③建筑物高度超过 30 m 时，可根据工程情况按型钢挑平台双排脚手架计算。

④独立柱（现浇混凝土框架柱）按柱图示结构外围周长另加 3.6 m，乘以设计柱高以平方米计算，套用单排外脚手架项目。

⑤现浇混凝土梁、墙，按设计室外地坪或楼板上表面至楼板底之间的高度，乘以梁、墙净长以平方米计算，套用双排外脚手架项目。

（2）里脚手架

里脚手架工程量按墙面垂直投影面积计算。

内墙砌筑里脚手架工程量 = 净长 × 净高，如图 5.4 所示。

（3）装饰脚手架

高度超过 3.6 m 的内墙面装饰不能利用原砌筑脚手架，可按里脚手架计算规则计算装饰脚手架。

（4）满堂脚手架

室内天棚装饰面距设计室内地坪在 3.6 m 以上时，可计算满堂脚手架。

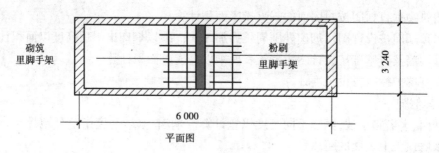

图 5.4　里脚手架示意图

满堂脚手架按室内净面积计算,高度在 3.61～5.2 m 时,计算本层,超过 5.2 m,每增加 1.2 m 按增加一层计算,不足 0.6 m 的不计算。

【例 5.1】试根据图纸(图 5.5)列项计算脚手架工程量。

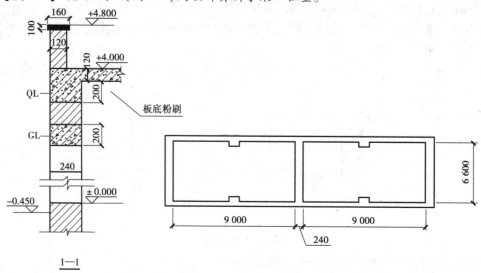

图 5.5　脚手架示意图

【解】(1)外脚手架工程量计算:

$L = (9 \times 2 + 0.24 \times 3 + 6.6 + 0.24 \times 2) \times 2 = 51.6(\text{m})$

$H = 4.8 + 0.45 = 5.25(\text{m})$

$S = L \times H = 51.6 \times 5.25 = 270.90(\text{m}^2)$

(2)砌筑里脚手架工程量计算:

$L = 6.6(\text{m})$

$H = 4.0 - 0.12 = 3.88(\text{m})$

$S = L \times H = 6.6 \times 3.88 = 25.61(\text{m}^2)$

(3)满堂脚手架工程量计算:

$S = 9 \times 6.6 \times 2 = 118.80(\text{m}^2)$

5.2.2　混凝土模板及支架(撑)

模板是现浇混凝土成型工具,现场按构件外形支设,待混凝土养护硬化后拆掉,如图 5.6

所示。

1)说明

混凝土模板及支架(撑)费通常是按照模板与现浇混凝土构件的接触面积以"m^2"计算,包含模板的制作、安装、拆除等。

现浇混凝土梁、板、柱、墙是按支模高度(地面支撑点至模底或支模顶)3.6 m编制的,支模高度超过3.6 m时,另行计算模板支撑超高部分的工程量,定额套用如图5.7所示。

图5.6 模板

| 39 | A5-275 | 现浇混凝土模板 墙支撑 高度超过3.6m每超过1m | 100m2 | 487.25 |
| 32 | A5-268 | 现浇混凝土模板 梁支撑 高度超过3.6m每超过1m | 100m2 | 543.25 |

图5.7 模板定额

注意:构造柱、圈梁、大钢模板墙,不计算模板支撑超高;梁、板(水平构件)模板支撑超高的工程量计算如下:

超高次数 = (支模高度 – 3.6) ÷ 3　(遇小数进为1)

超高工程量(m^2) = 超高构件的全部模板面积 × 超高次数

2)工程量计算规则(一般规定)

混凝土模板及支架(撑)费通常是按照模板与现浇混凝土构件的接触面积以"m^2"计算。

3)工程量计算

(1)基础

基础模板一般只支设立面侧模,顶面和底面均不支设。

【例5.2】某工程设有钢筋混凝土柱20根,柱下独立基础形式如图5.8所示,试计算该工程垫层(厚100 mm)和独立基础模板工程量。

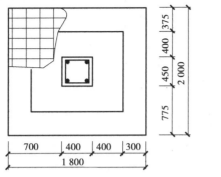 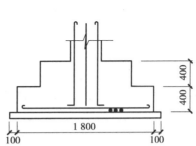

图5.8 柱基础示意图

【解】该独立基础为阶梯形,其模板接触面积应分阶计算,计算如下:

$$S_{垫} = (1.8 + 0.2 + 2.0 + 0.2) \times 2 \times 0.1 = 0.84 (m^2)$$

$$S_{上} = (1.2 + 1.25) \times 2 \times 0.4 = 1.96 (m^2)$$

$$S_{下} = (1.8 + 2.0) \times 2 \times 0.4 = 3.04 (m^2)$$

独立基础模板工程量：

$S = (1.96 + 3.04) \times 20 = 100(\text{m}^2)$

（2）柱

柱模板按柱周长乘以柱高计算，以 m^2 计算，如图5.9所示。

①柱、梁相交时，不扣除梁头所占柱模板面积。

②柱、板相交时，不扣除板厚所占柱模板面积。

③现浇混凝土柱模板工程量＝柱截面周长×柱高。

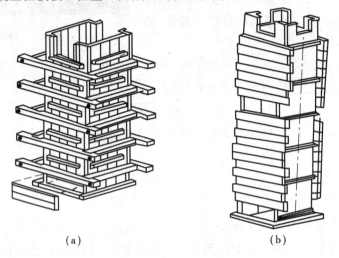

（a）   （b）

图5.9　柱模板

【例5.3】如图5.10所示，现浇混凝土框架柱20根，组合钢模板，钢支撑，计算钢模板工程量，确定定额项目。

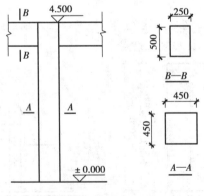

图5.10　柱尺寸

【解】

①现浇混凝土框架柱钢模板工程量＝$0.45 \times 4 \times 4.50 \times 20 = 162.00(\text{m}^2)$

②超高次数：$4.5 - 3.6 = 0.90(\text{m}) \approx 1$ 次

混凝土框架柱钢支撑一次超高工程量＝$0.45 \times 4 \times 20 \times (4.50 - 3.60) = 32.40(\text{m}^2)$

（3）构造柱

构造柱按图5.11所示外露部分的最大宽度乘以柱高计算模板面积。构造柱与墙接触面不计算模板面积。

构造柱与砖墙咬口模板工程量 = 混凝土外露面的最大宽度 × 柱高

图 5.11 构造柱模板

注意：以角柱为例，混凝土计算时，每一个马牙槎的增加尺寸计 30 mm，即马牙槎宽度平均值。而在模板工程量计算中，每个马牙槎边的增加宽度计 60 mm，为马牙槎最宽值。

（4）梁

梁模板工程量按展开面积计算，梁长的计算与计算混凝土工程时梁长规定一致，如图 5.12 所示。

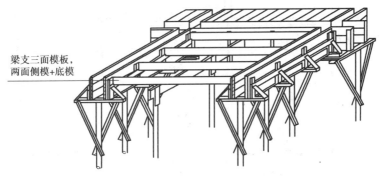

梁支三面模板，
两面侧模 + 底模

图 5.12 梁模板

当梁板一体为有梁板时，梁侧模支模高度为梁底至板底；当梁与板不为一体时，梁侧模支模高度为全梁高。

【例 5.4】某工程有 20 根现浇钢筋混凝土矩形单梁 L1，其截面和配筋如图 5.13 所示，试计算该工程现浇单梁模板的工程量。

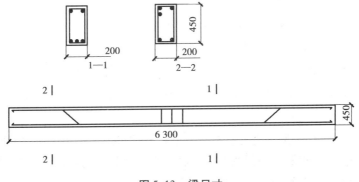

图 5.13 梁尺寸

【解】梁底模:$6.3 \times 0.2 = 1.26(\mathrm{m}^2)$

梁侧模:$6.3 \times 0.45 \times 2 = 5.67(\mathrm{m}^2)$

模板工程量:$(1.26 + 5.67) \times 20 = 138.60(\mathrm{m}^2)$

(5)板

现浇混凝土板的模板,按混凝土与模板接触面积,以"m^2"计算。

板、柱相交时,不扣除柱所占板的模板面积。但柱、墙相连时,柱与墙等厚部分的模板面积,应予扣除。

【例5.5】某工程现浇板如图5.14所示,计算其模板工程量。

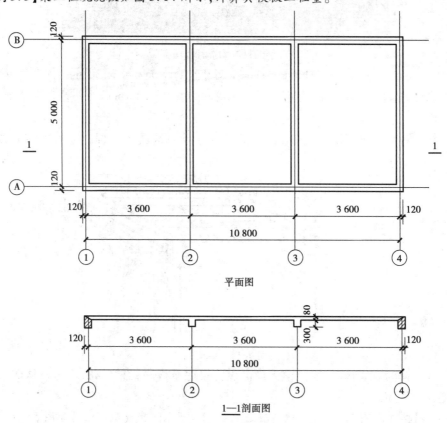

平面图

1—1剖面图

图5.14 现浇板

【解】

板底模板工程量 $= (10.8 - 0.24) \times (5 - 0.24) = 50.27(\mathrm{m}^2)$

梁侧模工程量 $= (5 - 0.24) \times 0.3 \times 4 = 5.71(\mathrm{m}^2)$

板侧模工程量 $= (10.8 + 0.24 + 5 + 0.24) \times 2 \times 0.08 = 2.60(\mathrm{m}^2)$

有梁板模板工程量 $= 50.27 + 5.71 + 2.60 = 58.58(\mathrm{m}^2)$

(6)墙

现浇混凝土墙模板,按混凝土与模板接触面积,以"m^2"计算,如图5.15所示。

①墙、柱连接时,柱侧壁按展开宽度,并入墙模板面积内计算。

②墙、梁相交时,不扣除梁头所占墙模板面积。

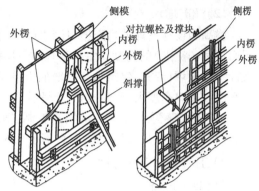

图 5.15　墙模板

(7)其他项目

①现浇钢筋混凝土楼梯：

混凝土楼梯模板工程量 = 钢筋混凝土楼梯工程量。

②混凝土台阶(不包括梯带)：

按图示台阶尺寸的水平投影面积计算,台阶端头两侧不另计算模板面积。

混凝土台阶模板工程量 = 台阶水平投影面积。

③现浇混凝土悬挑板的翻檐：

现浇混凝土悬挑板的翻檐,其模板工程量按翻檐净高计算。

④后浇带：

混凝土后浇带二次支模工程量按混凝土与模板接触面积计算,套用后浇带项目。

后浇带二次支模工程量 = 后浇带混凝土与模板接触面积。

⑤现浇钢筋混凝土悬挑板(雨篷、阳台)：

现浇钢筋混凝土悬挑板(雨篷、阳台)按图示外挑部分尺寸的水平投影面积计算。挑出墙外的牛腿梁及板边模板不另计算。

雨篷、阳台模板工程量 = 外挑部分水平投影面积。

5.2.3　垂直运输及超高增加

1)说明

(1)垂直运输

垂直运输工作内容,包括单位工程在合理工期内完成全部工程项目所需要的垂直运输机械台班,不包括机械的场外往返运输,一次安拆及路基铺垫和轨道铺拆等的费用。同一建筑物有不同檐高时,按建筑物的不同檐高做竖向切割,分别计算建筑面积,套用不同檐高定额项目。檐高≤3.6 m 的单层建筑,不计算垂直运输机械费用。建筑物定额项目按 3.6 m 层高编制,层高 >3.6 m 时,该层应另计超高垂直运输增加费,每超过 0.6m 时,该层按相应定额项目增加 5%,超高不足 0.6 m 按 0.6 m 计算。檐高为设计室外地坪至檐口滴水(平屋顶系指屋面板底标高,斜屋面系指外墙外边线与屋面板底的交点)的高度。室外地坪不在同一标高时,以主要材料起吊地坪标高为计算檐高的设计室外地坪标高。烟囱、水塔高度指室外地坪至烟囱上口顶部或水塔顶盖上表面的距离。

（2）超高增加

檐高为设计室外地坪至檐口滴水（平屋顶系指屋面板底标高，斜屋面系指外墙外边线与屋面板底的交点）的高度。室外地坪有不同标高时，以主要材料起吊地坪标高为计算檐高的设计室外地坪标高。建筑物超高增加指单层建筑物檐口高度大于20 m，多层建筑物层数大于6层或檐口高度大于20 m的工程项目。多层建筑物计算层数时，地下室不计入计算层数。建筑物定额项目按3.6 m层高编制，层高大于3.6 m，每超过0.6 m时，该层超高增加费，按相应定额项目增加3%，超高不足0.6 m按0.6 m计算。

2）工程量计算规则

（1）垂直运输

垂直运输按设计图示尺寸以建筑面积计算。建筑物地下室建筑面积另行计算，执行地下室垂直运输定额项目。构筑物垂直运输按数量以座计算。垂直运输按泵送混凝土编制，采用非泵送混凝土时，垂直运输调整如下：建筑物檐口高度≤30 m时，相应定额项目机械乘以系数1.06；建筑物檐口高度>30 m时，相应定额项目机械乘以系数1.08；地下室按相应定额项目机械乘以系数1.10。

（2）超高增加

建筑物超高施工增加按设计图示尺寸以建筑面积计算。单层建筑物超高施工增加按单层建筑面积计算。多层建筑物超高施工增加按超过部分的建筑面积计算。同一建筑物有不同檐高时，按建筑物的不同檐高做竖向切割，分别计算建筑面积，执行相应定额项目。

【例5.6】如图5.16所示，某建筑物分三个单元，第一个单元共20层，檐口高度62.7 m，建筑面积每层300 m²；第二个单元共18层，檐口高度为49.7 m，建筑面积每层500 m²；第三个单元共15层，檐口高度35.7 m，建筑面积每层200 m²；有地下室一层，建筑面积1 000 m²。计算该工程垂直运输工程量。

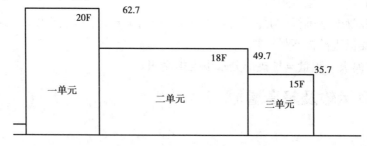

图5.16　某建筑楼高示意图

【解】

①檐口高度70 m以内：

$S = 20 \times 300 = 6\,000 (\text{m}^2)$

②檐口在50 m以内：

$S = 18 \times 500 = 9\,000 (\text{m}^2)$

③檐口在40 m以内：

$S = 15 \times 200 = 3\,000 (\text{m}^2)$

④地下室垂直运输：

$S = 1\,000\ \text{m}^2$

5.2.4　施工排水、降水

1）说明

本节包括成井，排水、降水二节。

集水井定额项目按井深≤4 m 编制，井深 >4 m 时，执行集水井定额项目，按相应比例调整。泵类机械抽水为地下水。

2）工程量计算规则

排水、降水泵类机械按 8 h 一个台班计算，成井费用通常按照设计图示尺寸以钻孔深度按"m"计算。

5.2.5　大型机械进出场及安拆

1）说明

贵州省 2016 版计价定额中这部分内容包括塔式起重机及施工电梯基础、大型施工机械设备安拆、大型施工机械设备进出场三节。固定式基础按施工机械出厂说明书规定选择基础进行计算。固定式基础不包括基础以下的地基处理、桩基础等，发生时另行计算。

（1）大型施工机械设备安拆

①施工机械安装拆卸费用是指特、大型机械在施工现场进行安装、拆卸所需的人工、材料、机械等费用之和的一次性包干费用。

②安拆费中已包括了机械安装完毕后本机试运转费用。

③自升式塔式起重机安拆费用以塔高 45 m 编制；塔高 >45 m 且≤200 m 时，每增高10 m，按相应定额项目增加 10%，不足 10 m 按 10 m 计算。

（2）大型施工机械设备进出场

①施工机械场外运输费用是指施工机械整体或分体自停放场地运至施工现场和竣工后运回停放地点的来回一次性包干费用。

②场外运输费用运距按小于等于 30 km 编制，超出该运距上限的场外运输费用，不适用本定额。

③单位工程之间机械转移，运距≤500 m，按相应机械场外运输费用定额项目乘以系数0.80；运距 >500 m 仍执行该定额项目。

④自升式塔式起重机场外运输费用是以塔高 45 m 编制的；塔高 >45 m 且≤200 m 时，每增高 10 m，按相应定额项目增加 10%，不足 10 m 按 10 m 计算。

2）工程量计算规则

①固定式基础以体积计算。

②轨道式基础（双轨）按实际铺轨中心线长度计算。

③大型施工机械设备安拆费用按台次计算。

④大型施工机械设备进出场费用按台次计算。

5.2.6 安全文明施工费

安全文明施工费属于不宜计量的措施项目。对于不宜计量的措施项目,通常用计算基数乘以费率的方法予以计算。计算公式为:

$$安全文明施工费 = 计算基数 \times 安全文明施工费费率(\%)$$

计算基数应为定额基价(定额分部分项工程费 + 定额中可以计量的措施项目费)、定额人工费或定额人工费与施工机具使用费之和,其费率可参照《贵州省建筑与装饰工程计价定额(2016 版)建筑与装饰工程费用计算顺序表(一般计税)》,见表 5.1。

表 5.1 建筑与装饰工程费用计算顺序表(一般计税)

序 号	费用名称	计算式
1	分部分项工程费	$\sum$ 分部分项工程量 × 综合单价
1.1	人工费	$\sum$ 分部分项工程人工费
1.2	材料费(含未计价材)	$\sum$ 分部分项工程材料费
1.3	机械使用费	$\sum$ 分部分项工程机械使用费
1.4	企业管理费	$\sum$ 分部分项工程企业管理费
1.5	利润	$\sum$ 分部分项工程利润
2	单价措施项目费	$\sum$ 单价措施工程量 × 综合单价
2.1	人工费	$\sum$ 单价措施项目人工费
2.2	材料费	$\sum$ 单价措施项目材料费
2.3	机械使用费	$\sum$ 单价措施项目机械使用费
2.4	企业管理费	$\sum$ 单价措施项目企业管理费
2.5	利润	$\sum$ 单价措施项目利润
3	总价措施项目费	3.1 + 3.2 + 3.3 + 3.4 + 3.5 + 3.6 + …
3.1	安全文明施工费	(1.1 + 2.1) ×14.36%
3.1.1	环境保护费	(1.1 + 2.1) ×0.75%
3.1.2	文明施工费	(1.1 + 2.1) ×3.35%
3.1.3	安全施工费	(1.1 + 2.1) ×5.8%
3.1.4	临时设施费	(1.1 + 2.1) ×4.46%
3.2	夜间和非夜间施工增加费	(1.1 + 2.1) ×0.77%
3.3	二次搬运费	(1.1 + 2.1) ×0.95%
3.4	冬雨季施工增加费	(1.1 + 2.1) ×0.47%
3.5	工程及设备保护费	(1.1 + 2.1) ×0.43%
3.6	工程定位复测费	(1.1 + 2.1) ×0.19%
⋮		

续表

序号	费用名称	计算式
4	其他项目费	
4.1	暂列金额	按招标工程量清单计列
4.2	暂估价	
4.2.1	材料暂估价	最高投标限价、投标报价:按招标工程量清单材料暂估价计入综合单价; 竣工结算:按最终确认的材料单价替代各暂估材料单价,调整综合单价
4.2.2	专业工程暂估价	最高投标限价、投标报价:按招标工程量清单专业工程暂估价金额; 竣工结算:按专业工程中标价或最终确认价计算
4.3	计日工	最高投标限价:计日工数量 × 120 元/工日 × 120%(20% 为企业管理费、利润取费率); 竣工结算:按确认计日工数量 × 合同计日工综合单价
4.4	总承包服务费	最高投标限价:招标人自行供应材料,按供应材料总价 × 1%;专业工程管理、协调,按专业工程估算价 × 1.5%;专业工程管理、协调、配合服务,按专业工程估算价 × 3% ~ 5%; 竣工结算:按合同约定计算
5	规费	5.1 + 5.2 + 5.3
5.1	社会保障费	(1.1 + 2.1) × 33.65%
5.1.1	养老保险费	(1.1 + 2.1) × 22.13%
5.1.2	失业保险费	(1.1 + 2.1) × 1.16%
5.1.3	医疗保险费	(1.1 + 2.1) × 8.73%
5.1.4	工伤保险费	(1.1 + 2.1) × 1.05%
5.1.5	生育保险费	(1.1 + 2.1) × 0.58%
5.2	住房公积金	(1.1 + 2.1) × 5.82%
5.3	工程排污费	实际发生时,按规定计算
6	税前工程造价	1 + 2 + 3 + 4 + 5
7	增值税	6 × 9%
8	工程总造价	6 + 7

注:①大型土石方工程:总价措施费按(分部分项工程人工费 + 单价措施项目人工费) × 6.66%。

②单独发包的地基处理、边坡支护工程:总价措施费按(分部分项工程人工费 + 单价措施项目人工费) × 8.93%。

③单独发包装饰工程:总价措施费按(分部分项工程人工费 + 单价措施项目人工费) × 10.25%。

5.2.7　其他措施费

其余不宜计量的措施项目,包括夜间施工增加费,非夜间施工照明费,二次搬运费,冬雨季施工增加费,地上、地下设施和建筑物的临时保护设施费,已完工程及设备保护费等。计算公式为:

$$措施项目费 = 计算基数 \times 措施项目费费率(\%)$$

上式中的计算基数应为定额人工费或定额人工费与定额施工机具使用费之和,其费率可参照《贵州省建筑与装饰工程计价定额(2016 版)建筑与装饰工程费用计算顺序表(一般计税)》,见表 5.1。

本章小结

(1)措施项目的定义。措施项目是指为完成工程项目施工,发生于该工程施工准备和施工过程中的技术、生活、安全、环境保护等方面的项目。措施项目费即实施措施项目所发生的费用。措施项目费由组织措施项目费和技术措施项目费组成。

(2)措施项目费的构成。以《房屋建筑与装饰工程工程量计算规范》(GB 50854—2013)中的规定为例,措施项目费可以归纳为以下几项:脚手架费,混凝土模板及支架(撑)费,垂直运输费,超高施工增加费,大型机械设备进出场及安拆费,施工排水、降水费,安全文明施工费,其他措施项目费。

(3)脚手架的清单项目包括外脚手架、里脚手架、满堂脚手架、悬空及挑脚手架、综合脚手架等内容。

(4)混凝土模板及支架(撑)费通常是按照模板与现浇混凝土构件的接触面积以"m²"计算,包含模板的制作、安装、拆除等。现浇混凝土梁、板、柱、墙是按支模高度(地面支撑点至模底或支模顶)3.6 m 编制的;支模高度超过 3.6 m 时,另行计算模板支撑超高部分的工程量。

(5)构造柱按图示外露部分的最大宽度乘以柱高计算模板面积。构造柱与墙接触面不计算模板面积。

(6)现浇混凝土板的模板,按混凝土与模板接触面积,以"m²"计算。板、柱相交时,不扣除柱所占板的模板面积;但柱、墙相连时,柱与墙等厚部分的模板面积应予扣除。

(7)当单层建筑物檐口高度超过 20 m、多层建筑物超过 6 层时,可计算超高施工增加费。

(8)垂直运输工作内容,包括单位工程在合理工期内完成全部工程项目所需要的垂直运输机械台班,不包括机械的场外往返运输、一次安拆及路基铺垫和轨道铺拆等的费用。同一建筑物有不同檐高时,按建筑物的不同檐高做竖向切割,分别计算建筑面积,套用不同檐高定额项目。

(9)大型机械设备进出场及安拆费。机械整体或分体自停放场地运至施工现场或由一个施工地点运至另一个施工地点,所发生的机械进出场运输和转移费用及机械在施工现场进行安装、拆卸所需的人工费、材料费、机具费、试运转费和安装所需的辅助设施的费用。内容由安拆费和进出场费组成。

(10)安全文明施工费属于不宜计量的措施项目。对于不宜计量的措施项目,通常用计算基数乘以费率的方法予以计算。其计算公式为:

$$安全文明施工费 = 计算基数 \times 安全文明施工费费率(\%)$$

(11)其余不宜计量的措施项目,包括夜间施工增加费,非夜间施工照明费,二次搬运费,冬雨期施工增加费,地上、地下设施和建筑物的临时保护设施费,已完工程及设备保护费等。其计算公式为:

$$措施项目费 = 计算基数 \times 措施项目费费率(\%)$$

课后习题

一、选择题

1. 措施项目费是指为完成建设工程施工,发生于该工程施工准备和施工过程中的技术、生活、(　　)等方面的费用。

    A. 安全、环境保护　　　　　　　　　　B. 质量、环境保护

    C. 进度、环境保护　　　　　　　　　　D. 以上答案都不对

2. 脚手架费是指施工需要的各种脚手架搭、拆、运输费用以及脚手架购置费的摊销(或租赁)费用。以下不属于脚手架费用内容的是(　　)。

    A. 施工时可能发生的场内、场外材料搬运费用

    B. 搭、拆脚手架、斜道、上料平台费用

    C. 施工时安全帽的使用费用

    D. 拆除脚手架后材料的堆放费用

3. 混凝土施工过程中需要的各种钢模板、木模板、支架等的支拆、运输费用及模板、支架的摊销(或租赁)费用。以下不属于混凝土施工过程中费用内容的是(　　)。

    A. 混凝土施工过程中需要的各种模板制作费用

    B. 模板安装、拆除、整理堆放及场内外运输费用

    C. 清理模板黏结物及模内杂物、刷隔离剂等费用

    D. 施工完成后模板焚烧、销毁等费用

4. 高度超过(　　)的内墙面装饰不能利用原砌筑脚手架,可按里脚手架计算规则计算装饰脚手架。

    A. 3.6 m　　　　　　B. 3.9 m　　　　　　C. 4.2 m　　　　　　D. 4.5 m

5. 混凝土模板及支架(撑)费通常是按照模板与现浇混凝土构件的接触面积以(　　)计算。

    A. m　　　　　　　B. m²　　　　　　　C. m³　　　　　　　D. 栋

6. 现浇混凝土板的模板,按混凝土与模板接触面积,以(　　)计算。

    A. m　　　　　　　B. m²　　　　　　　C. m³　　　　　　　D. 块

7. 现浇混凝土墙模板,按混凝土与模板接触面积,以(　　)计算。

    A. m　　　　　　　B. m²　　　　　　　C. m³　　　　　　　D. 面

8.檐高(　　)的单层建筑,不计算垂直运输机械费用。

　　A.3.6 m　　　　　　B.3.9 m　　　　　　C.4.2 m　　　　　　D.4.5 m

9.排水、降水泵类机械按(　　)一个台班计算。

　　A.6 h　　　　　　　B.8 h　　　　　　　C.10 h　　　　　　　D.12 h

10.场外运输费用运距按(　　)编制,超出该运距上限的场外运输费用,不适用本定额。

　　A.≤30 km　　　　　B.≤35 km　　　　　C.≤40 km　　　　　D.≤45 km

二、计算题

1.现浇钢筋混凝土矩形柱截面周长2 m,柱高8.0 m,共20条,计算其模板工程量。

2.某工程如图5.17所示,女儿墙高2 m。计算外脚手架(应按不同高度分别计算)。

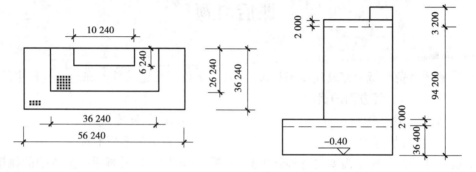

图5.17　女儿墙示意图

3.某综合楼各层及檐高如图5-18所示,A、B单元各层建筑面积见表5.2。假设人工、材料、机械台班的价格与定额取定价相同,经分析计算该单位工程(包括地下室)扣除垂直运输、脚手架、构件制作和水平运输后的人工费为300万元,机械费为200万元;企业管理费、利润分别按人工费加机械费的15%和10%计取,风险费按工料机费的5%计取。试编制该工程超高施工增加费项目清单,并计算超高施工增加费用。

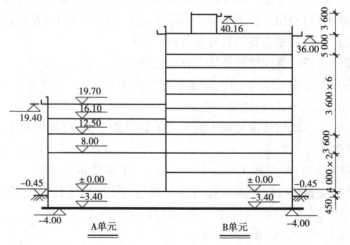

图5.18　某综合楼层高及檐高示意图

表5.2　A、B单元建筑面积表

楼层	A 单元			B 单元		
	层数	层高/m	建筑面积 /m²	层数	层高/m	建筑面积 /m²
地下室	1	3.4	800	1	3.4	1 200
首层	1	8	800	1	4	1 200
二层	1	4.5	800	1	4	1 200
标准层	1	3.6	800	7	3.6	7 000
顶层	1	3.6	800	1	5	1 000
屋顶				1	3.6	20
合计	5		4 000	12		11 620

第6章
房屋建筑与装饰工程计价

学习目标

　　理解房屋建筑与装饰工程的费用组成,掌握分部分项工程费用,措施项目费用,规费及税金的计算,了解其他项目费用内容。

学习建议

　　该章是本书的重点内容,学习时应理解各项费用的组成内容,结合本章例题或本章案例总结房屋建筑与装饰工程费用的内容,并且在学习时应多做一些练习,也可收集一些已做好的工程造价案例加深知识。

6.1　分部分项工程费计算

　　分部分项工程费是指各专业工程的分部分项工程应予列支的各项费用,其计算公式如下:

$$分部分项工程费 = \sum(分部分项工程量 \times 分部分项工程项目综合单价)$$

　　分部分项工程量即为本书第3—5章内容,其量应填入分部分项工程清单中。综合单价包括人工费、材料费、施工机具使用费、企业管理费和利润以及一定范围内的风险费用。

6.1.1　分部分项工程量清单

　　分部分项工程项目清单必须载明项目编码、项目名称、项目特征、计量单位和工程量,其格式见表1.3(除金额以外);分部分项工程量清单的编制由招标人负责,金额部分在编制招标控制价或投标报价时填列。

1）项目编码

项目编码是分部分项工程和措施项目清单名称的阿拉伯数字标识。清单项目编码以五级编码设置,用十二位阿拉伯数字表示。一、二、三、四级编码为全国统一,即一至九位应按工程量计算规范附录的规定设置;第五级,即十至十二位为清单项目编码,应根据拟建工程的工程量清单项目名称设置,不得有重号,这三位清单项目编码由招标人针对招标工程项目具体编制,并应自001起顺序编制。

各级编码代表的含义如下:

①第一级表示专业工程代码(分二位);

②第二级表示附录分类顺序码(分二位);

③第三级表示分部工程顺序码(分二位);

④第四级表示分项工程项目名称顺序码(分三位);

⑤第五级表示清单项目名称顺序码(分三位)。

项目编码结构如图6.1所示。

图6.1　工程量清单项目编码结构图

当同一标段(或合同段)的一份工程量清单中含有多个单位工程且工程量清单是以单位工程为编制对象时,在编制工程量清单时应特别注意对项目编码十至十二位的设置不得有重码的规定。例如一个标段(或合同段)的工程量清单中含有三个单位工程,每一单位工程中都有项目特征相同的实心砖墙砌体,在工程量清单中又需反映三个不同单位工程的实心砖墙砌体工程量时,则第一个单位工程的实心砖墙的项目编码应为010401003001,第二个单位工程的实心砖墙的项目编码应为010401003002,第三个单位工程的实心砖墙的项目编码应为010401003003,并分别列出各单位工程实心砖墙的工程量。

2）项目名称

工程项目清单的项目名称应按各专业工程量计算规范附录的项目名称结合拟建工程的实际确定。附录表中的"项目名称"为工程项目名称,是形成工程项目清单项目名称的基础。即在编制分部分项工程项目清单时,以附录中的分项工程项目名称为基础,考虑该项目的规格、型号、材质等特征要求,结合拟建工程的实际情况,使其工程量清单项目名称具体化、细化,以反映影响工程造价的主要因素。例如"门窗工程"中"特种门"应区分"冷藏门""冷冻闸门""保温门""变电室门""隔音门""防射线门""人防门""金库门"等。清单项目名称应表达详细、准确,各专业工程量计算规范中的工程项目名称如有缺陷,招标人可作补充,并报当地工程造价管理机构(省级)备案。

3)项目特征

项目特征是构成工程项目、措施项目自身价值的本质特征。项目特征是对项目的准确描述,是确定一个清单项目综合单价不可缺少的重要依据,是区分清单项目的依据,是履行合同义务的基础。工程项目清单的项目特征应按各专业工程工程量计算规范附录中规定的项目特征,结合技术规范、标准图集、施工图纸,按照工程结构、使用材质及规格或安装位置等,予以详细而准确的表述和说明。凡项目特征中未描述到的其他独有特征,由清单编制人视项目具体情况确定,以准确描述清单项目为准。在各专业工程工程量计算规范附录中还有关于各清单项目"工程内容"的描述。工程内容是指完成清单项目可能发生的具体工作和操作程序,但应注意的是,在编制工程项目清单时,工程内容通常无须描述,因为在工程量计算规范中,工程量清单项目与工程量计算规则、工程内容有一一对应关系,当采用工程量计算规范这一标准时,工作内容均有规定。

4)计量单位

计量单位应采用基本单位,除各专业另有特殊规定外均按以下单位计量:

①以质量计算的项目,吨或千克(t 或 kg);

②以体积计算的项目,立方米(m^3);

③以面积计算的项目,平方米(m^2);

④以长度计算的项目,米(m);

⑤以自然计量单位计算的项目,个、套、块、樘、组、台;

⑥没有具体数量的项目,宗、项……

各专业有特殊计量单位的,再另外加以说明。当计量单位有两个或两个以上时,应根据所编工程量清单项目的特征要求,选择最适宜表现该项目特征并方便计量的单位。例如:门窗工程计量单位为"樘/m^2"两个计量单位,实际工作中,就应选择最适宜、最方便计量和组价的单位来表示。

计量单位的有效位数应遵守下列规定:

①以"t"为单位,应保留三位小数,第四位小数四舍五入。

②以"m^3""m^2""m""kg"为单位,应保留两位小数,第三位小数四舍五入。

③以"个""项"等为单位,应取整数。

5)工程数量的计算

工程数量主要通过工程量计算规则计算得到。工程量计算规则是指对清单项目工程量计算的规定。除另有说明外,所有清单项目的工程量应以实体工程量为准,并以完成后的净值计算;投标人投标报价时,应在单价中考虑施工中的各种损耗和需要增加的工程量。根据工程量清单计价与工程量计算规范的规定,工程量计算规则可以分为房屋建筑与装饰工程,仿古建筑工程,通用安装工程,市政工程,园林绿化工程,构筑物工程,矿山工程,城市轨道交通工程,爆破工程九大类。以房屋建筑与装饰工程为例,其工程量计算规范中规定的分类项目包括土石方工程,地基处理与边坡支护工程,桩基工程,砌筑工程,混凝土及钢筋混凝土工程,金属结构工程,木结构工程,门窗工程,屋面及防水工程,保温、隔热、防腐工程,楼地面装饰工程,墙、柱面装饰与隔断、幕墙工程,天棚工程,油漆、涂料、裱糊工程,其他装饰工程,拆除工程,措施项目等,分别制定了它们的项目设置和工程量计算规则。

随着工程建设中新材料、新技术、新工艺等的不断涌现,工程量计算规范附录所列的工程量清单项目不可能包含所有项目。在编制工程量清单时,当出现工程量计算规范附录中未包括的清单项目时,编制人应作补充。在编制补充项目时应注意以下三个方面:

①补充项目的编码应按工程量计算规范的规定确定。具体做法如下:补充项目的编码由工程量计算规范的代码与 B 和三位阿拉伯数字组成,并应从 001 起顺序编制,例如房屋建筑与装饰工程如需补充项目,则其编码应从 01B001 开始起顺序编制,同一招标工程的项目不得重码。

②在工程量清单中应附补充项目的项目名称、项目特征、计量单位、工程量计算规则和工作内容。

③将编制的补充项目报省级或行业工程造价管理机构备案。

6.1.2　分部分项工程量清单计价

分部分项工程量清单计价应采用综合单价计价,综合单价是完成一个规定计量单位的分部分项工程量清单项目或措施清单项目所需的人工费、材料费、机械使用费和企业管理费与利润,以及一定范围内的风险费用。

综合单价的计算要依据企业定额,目前大多数施工企业还未能形成自己的企业定额,在制定综合单价时,多是参考地区定额内各项子目的工料机消耗量,乘以支付人工、购买材料、使用机械和消耗能源方面的市场单价,再加上由地区定额制定的按企业类别或工程类别不同而规定的管理费、利润等组成综合单价。

由于《建设工程工程量清单计价规范》与贵州定额中的工程量计算规则、计量单位、项目内容不尽相同,工程量清单计价的确定方法有以下几种。

1) 直接套用定额组价

当工程量清单与定额中的工程量计算规则、计量单位、工作内容相同时就用该种方法,此时:

分部分项工程费 = 清单工程量(定额消耗量) × 综合单价(定额中该分部分项工程人工费 + 材料费 + 机械费 + 管理费 + 利润并考虑风险)

这种计价较简单,在一个单位工程中大多数的分项工程可利用这种方法计价。

【例 6.1】已知某工程砖基础清单工程量为 16.18 m³,如表 6.1 所示,根据《贵州省建筑与装饰工程计价定额》(GZ 01-31—2016),其人工费 131.52 元/m³,定额计价材料费 31.751 元/m³,定额未计价材料费 199.956 元/m³(用市场单价 380 元乘以定额消耗量所得),机械费 5.722 元/m³,管理费 29.543 元/m³,利润 29.908 元/m³,风险费用不计,试计算该砖基础的分部分项工程费,并列出工程量清单与计价表。

表6.1 《贵州省建筑与装饰工程计价定额》(GZ 01-31—2016)砖基础表

工作内容:清理基槽坑,调、运、铺砂浆,运、砌砖。   计量单位:10 m³

定额编号					A4-1	A4-2
项 目					砖基础	
					现拌砂浆	预拌砂浆
综合单价(元)					2 284.44	1 798.92
其中	人工费(元)				1 315.20	1 203.36
	材料费(元)				317.51	6.27
	机械费(元)				57.22	45.34
	管理费(元)				295.43	270.31
	利 润(元)				299.08	273.64
	编 码	名 称	单位	单价(元)	消耗量	
人工	00010003	二类综合用工	工日	120.00	10.960	10.028
材料	04130001	普通砖240 mm×115 mm×53 mm	千块	—	(5.262)	(5.262)
	80051010	干混砌筑砂浆 DM	m³	—	—	(2.399)
	80010565	水泥砂浆 M5.0	m³	130.78	2.399	—
	34110121	水	m³	3.59	1.050	1.746
机械	99050690	灰浆搅拌机 拌桶容量200 L	台班	143.06	0.400	—
	99050980	干混砂浆罐式搅拌机	台班	188.92	—	0.240

【解】分部分项工程费 $= 16.18 \times (131.52 + 31.751 + 199.956 + 5.722 + 29.543 + 29.908)$

$$= 16.18 \times 428.4$$

$$= 6\ 931.51(元)$$

列出工程量清单与计价表见表6.2。

表6.2 分部分项工程量清单与计价表

序号	项目编码	项目名称	项目特征描述	计量单位	工程量	金额(元)		
						综合单价	合 价	其中暂估价
1	010401001001	砖基础	(1)MU10 标准砖 (2)条形基础 (3)深 1.6 m (4)M5 水泥砂浆 (5)防水砂浆防潮层	m³	16.18	428.4	6 931.51	

注:在编制招标工程量或投标书时,各项内容均以表格体现。分部分项费用需填至分部分项工程清单与计价表中,该表内容由两部分组成,分部分项工程量清单与分部分项工程量清单计价。

2)重新计算工程量组价

当工程量清单给出的分项项目的计量单位或计算规则与所用定额的计量单位或工程量计算规则不同,但工作内容相同时,需要按定额的计算规则重新计算工程量来组成综合单价。

【例 6.2】已知某工程招标工程量清单中铝合金地弹门的工程量为 10 樘,项目特征中该门规格为 3 200 mm × 2 400 mm,查市场价知该门为 350 元/m²,请根据定额计算该分项工程费(不考虑风险费用),并列出工程量清单与计价表。

【解】因定额计算规则是按设计图示洞口面积计算,故应先算出定额工程量后再组价。

定额工程量 = 3.2 × 2.4 × 10 = 76.8(m²),根据表 6.3 中铝合金地弹门定额可得:

分部分项工程费 = 定额工程量 ×(人工费 + 计价材料费 + 未计价材料费 + 机械费 + 管理费 + 利润)= 76.8 ×(4 914 + 622.26 + 96 × 350 + 40.24 + 1 103.81 + 1 117.44)/100 = 31 793.47(元)

表 6.3　《贵州省建筑与装饰工程计价定额》(GZ 01-31—2016)铝合金地弹门表

工作内容:现场搬运、安装框扇、校正、安装玻璃及五金配件、周边塞口、清扫等。　　　　　计量单位:100 m²

定额编号					A8-83	A8-84
项　目					铝合金成品门安装	
					地弹门	
综合单价(元)					7 797.75	
其中	人工费(元)				4 914.00	
	材料费(元)				622.26	
	机械费(元)				40.24	
	管理费(元)				1 103.81	
	利　润(元)				1 117.44	
	编　码	名　称	单位	单价(元)	消耗量	
人工	00010004	三类综合用工	工日	135.00	36.400	
材料	11090060	铝合金地弹门	m²	—	(96.000)	
	11210001	铝合金纱门扇	m²	—	—	
	14410790	玻璃胶 350 g/支	支	6.15	43.000	
	03214347	固定连接铁件(地脚) 3 × 30 × 300 mm	个	0.43	369.000	
	13350606	密封油膏	kg	6.84	26.000	
	03130380	合金钢钻头 φ10	个	4.62	4.610	
机械	99450440	电锤功率 520(W)	台班	4.36	9.230	

而招标工程量清单中铝合金地弹门的工程量为 10 樘,故清单综合单价为:31 793.47 元/10 樘 =3 179.347 元/樘,列出工程量清单与计价表,见表 6.4。

表 6.4　分部分项工程量清单与计价表

序号	项目编码	项目名称	项目特征描述	计量单位	工程量	金　额(元)		
						综合单价	合　价	其中暂估价
1	010802001001	铝合金地弹门	(1)规格 3 200 ×2 400 (2)铝合金门框 (3)中空玻璃:5 +6A +5	樘	10	3 179.35	31 793.47	

3)复合组价

由于工程量清单项目是按形成项目的实体设置的,因此工程内容应包括完成该项实体的全部内容。现行定额项目划分一般是以施工工序进行设置,工作内容基本是单一的。所以一个清单项目有可能用定额中一个子目组成,也可能用多个子目组成。当需要多个定额子目组成一个清单项目时,就需要复合组价。

在复合组价时要了解清楚具体项目包括的内容,各部分内容是直接套用定额组价,还是需要重新计算工程量组价。能直接组价的内容,用前面讲述的"直接套用定额组价"方法进行组价;若不能直接套用定额组价的项目,用前面讲述的"重新计算工程量组价"方法进行组价。

【例 6.3】已知某工程会议室地面铺贴大理石,招标工程量清单中该项目为 100 m²,查市场价知干混地面砂浆 DS 为 990 元/m³,大理石(单色)为 380 元/m²,请根据定额计算该分项工程费(不考虑风险费用),并列出工程量清单与计价表。

【解】因该项目清单工作内容包含找平层及大理石面层铺贴,故需要两个定额子目组合组价,费用见表 6.5。

表 6.5　找平层与石材面层定额表

找平层工作内容:清理基层、调运砂浆、抹平、压实。　　　　　　　　　　　　　　计量单位:100 m²

定额编号			A11-1	A11-29
项　目			混凝土或硬基层上水泥砂浆找平层 厚20 mm	石材面层 单色
综合单价(元)			1 467.47	4 778.14
其中		人工费(元)	963.90	3 145.64
		材料费(元)	3.63	55.82
		机械费(元)	64.23	154.77
		管理费(元)	216.52	706.59
		利　润(元)	219.19	715.32

续表

	编码	名　　称	单位	单价(元)	消耗量	
人工	00010004	三类综合用工	工日	135.00	7.140	23.301
材料	08000025	石质板材	m^2	——		(102.00)
	80050996	干混地面砂浆 DS	m^3	——	(2.040)	(2.040)
	34110121	水	m^3	3.59	1.012	3.212
	05000010	锯木屑	m^3	13.50		0.600
	02270001	棉纱	kg	7.32		1.000
	04010015	白色硅酸盐水泥 32.5	kg	0.61		10.300
	80110250	素水泥浆	m^3	144.12		0.100
	03130605	石料切割锯片	片	20.43		0.400
机械	99050980	干混砂浆罐式搅拌机	台班	188.92	0.340	0.340
	99230040	石料切割机	台班	47.40		1.910

找平层分项工程费 = 定额工程量(该项目清单与定额计算规则相同,计量单位相同) ×

(人工费 + 计价材料费 + 未计价材料费 + 机械费 + 管理费 + 利润)

= 100 × (1467.47 + 990 × 2.04)/100 = 3 487.07(元)

同上:大理石面层分项工程费 = 100 × (4 778.14 + 102 × 380 + 990 × 2.04)/100

= 45 557.74(元)

该清单分部分项工程费 = 3 487.07 + 45 557.74 = 49 044.81(元)

该清单综合单价为:49 044.81/100 = 490.45(元/m^2)。

列出工程量清单与计价表,见表6.6。

表 6.6　分部分项工程量清单与计价表

块料面层工作内容:清理基层、试排弹线、锯板修边、镶贴饰面、清理净面。　　　　　　计量单位:100 m^2

序号	项目编码	项目名称	项目特征描述	计量单位	工程量	金额(元)		
						综合单价	合　价	其中暂估价
1	011102001001	大理石楼地面	(1)干混地面砂浆 DS 20 mm 厚 (2)大理石面层　单色 600 mm × 600 mm	m^2	100	490.45	49 044.81	

6.1.3　定额子目换算

在应用《贵州省建筑与装饰工程计价定额》(GZ 01-31—2016)中的消耗量和单价计算清单综合单价时,要认真阅读并掌握定额中的总说明、章说明。当设计要求与定额子目的工程内容、材料规格、施工方法、施工环境等不完全相符时,可根据定额中的总说明、章说明等有关规定,对定额子目进行换算后再计算清单综合单价。

定额子目换算的实质就是按定额规定的换算范围、内容和方法对定额子目的费用重新计算。常见的定额子目换算有系数换算,材料换算,运距、厚度、高度的换算。经过换算的定额子目应在编号后写上"换"字,如 A1-1 换。

1) 系数换算

当施工环境、施工方法等与定额相关内容不同时,常将定额相关费用乘以不同系数进行换算。

【例 6.4】已知某工程机械挖、运湿土,而定额子目是按天然湿度土编制,见表 6.7。定额第一章说明中规定当机械挖、运湿土时,相应定额子目人工、机械乘以系数 1.15。计算工程挖湿土时的定额子目费用。

表 6.7 《贵州省建筑与装饰工程计价定额》(GZ 01-31—2016)挖掘机挖、装一般土方

工作内容:挖土、装土、清理机下余土。 计量单位:100 m³

定额编号				A1-30	
项 目				挖掘机挖、装一般土方	
				斗容量 0.6 m³	
综合单价(元)				422.93	
其中	人工费(元)			48.00	
	材料费(元)			—	
	机械费(元)			344.4	
	管理费(元)			15.17	
	利 润(元)			15.36	
	编 码	名 称	单位	单价(元)	消耗量
人工	00010002	一类综合用工	工日	80.00	1.870
机械	99070030	履带式推土机 功率 75(kW)	台班	790.44	0.107
	99010101	履带式单斗挖掘机(液压) 斗容量 0.6 m³	台班	773.52	0.355

【解】按照定额规定,人工、机械乘以系数 1.15。

人工费:$48 \times 1.15 = 55.2$(元)

机械费:$344.4 \times 1.15 = 396.06$(元)

A1-30 定额子目经过换算后综合单价 $= 55.2 + 396.06 + 15.17 + 15.36 = 481.79$(元)

2) 材料换算

当设计要求的材料材质、种类、规格、强度、配合比等与定额子目不一致时,须将定额子目的材料换算成设计要求的材料。

【例 6.5】已知某工程砖基础采用 M7.5 现拌水泥砂浆砌筑(单价:141.66 元/m³),而定额子目是按 M5.0 水泥砂浆编制,见表 6.1。请计算现拌砂浆砖基础的定额子目费用。

【解】按照定额规定,表 6.1 中的水泥砂浆 M5.0 须换成 M7.5,而消耗量和其他单价不变。

根据表 6.1：

水泥砂浆 M5.0 材料费 $= 2.399 \times 130.78 = 313.74$(元)

水泥砂浆 M7.0 材料费 $= 2.399 \times 141.66 = 339.84$(元)

定额 A4-1 中的材料费则由 317.51 元变成：$317.51 - 313.74 + 339.84 = 343.61$(元)

A4-1 定额子目经过材料换算后综合单价 $= 2\,284.44 - 317.51 + 343.61 = 2\,310.54$(元)

3)运距、高度、厚度换算

当设计要求的运距、高度、厚度与定额子目不一致时,须将定额子目的相关内容换算成设计要求的运距、高度、厚度。

【例 6.6】已知某工程内墙面抹灰厚度为(13 + 8) mm(基层 13 mm,面层 8 mm),而定额子目是按(13 + 5) mm 编制,见表 6.8。请计算该工程内墙抹灰的定额子目费用。

表 6.8 《贵州省建筑与装饰工程计价定额》(GZ 01-31—2016)墙面抹水泥砂浆

工作内容:1.清理、修补、湿润基层表面、堵墙眼、调运砂浆、清扫落地灰。　　　　　　　计量单位:100 m³

2.分层抹灰找平、刷浆、洒水湿润、罩面压光(包括门窗洞口侧壁及护角抹灰)。

定额编号						A12-3	A4-2
项　　目						墙面抹水泥砂浆	
						内墙	抹灰层厚度
						(13 + 5) mm	每增减 1 mm
综合单价(元)						2 599.53	68.76
其中		人工费(元)				1 741.50	44.55
		材料费(元)				4.70	0.29
		机械费(元)				66.12	3.78
		管理费(元)				391.19	10.01
		利　润(元)				396.02	10.13
	编　码	名　称	单位	单价(元)		消耗量	
人工	00010004	三类综合用工	工日	135.00		12.900	0.330
材料	80050985	干混抹灰砂浆 DP	m³	—		(2.080)	(0.120)
	34110121	水	m³	3.59		1.310	(0.080)
机械	99050980	干混砂浆罐式搅拌机	台班	188.92		0.350	0.020

【解】根据已知条件和表 6.8 中的定额子目可知,需要在 A12-3 的基础上增加 3 mm 抹灰厚度的费用。

增加 3 mm 厚度需增加的定额子目综合单价 $= 68.76 \times 3 = 206.28$(元)

该工程内墙抹灰的定额子目综合单价 $= 2\,599.53 + 206.28 = 2\,805.81$(元)

6.2 措施项目费计算

措施项目是指为完成工程项目施工,发生于该工程施工准备和施工过程中的技术、生活、安全、环境保护等方面的项目,它并不是组成工程的实体内容。

6.2.1 措施项目费的计算

措施项目中可以计算工程量的项目清单(单价措施项目清单,如脚手架、混凝土模板及支架、垂直运输、超高施工增加等工程)宜采用分部分项工程量清单的方式编制,列出项目编码、项目名称、项目特征、计量单位和工程量计算规则(表格同分部分项工程计价表格),计算费用应按分部分项工程量清单的方式采用综合单价计价,见表 6.9;不能计算工程量的项目清单(总价措施项目清单),以"项"为计量单位进行编制和计价,应包括除规费、税金外的全部费用,见表 6.10。

表 6.9 分部分项工程和单价措施项目清单与计价表

序号	项目编码	项目名称	项目特征描述	计量单位	工程量	金额(元)		
						综合单价	合 价	其中暂估价

表 6.10 总价措施项目清单与计价表

序号	项目编码	项目名称	计算基础	费率(%)	金额(元)	调整费率(%)	调整后金额(元)	备注
		安全文明施工费						
		夜间施工增加费						
		二次搬运费						
		冬雨季施工增加费						
		已完工程及设备保护费						

注:①"计算基础"中安全文明施工费可为"定额基价""定额人工费"或"定额人工费+定额机械费",其他项目可为"定额人工费"或"定额人工费+定额机械费"。

②按施工方案计算的措施费,若无"计算基础"和"费率"的数值,也可只填"金额"数值,但应在备注栏说明施工方案出处或计算方法。

6.2.2 措施项目清单的编制

措施项目清单的编制需考虑多种因素,除工程本身的因素外,还涉及水文、气象、环境、安全等因素。措施项目清单应根据拟建工程的实际情况列项。若出现清单计价规范中未列的项目,可根据工程实际情况补充。

措施项目清单的编制依据主要有：

①施工现场情况、地勘水文资料、工程特点；

②常规施工方案；

③与建设工程有关的标准、规范、技术资料；

④拟订的招标文件；

⑤建设工程设计文件及相关资料。

6.3 其他项目费、规费、税金计算

6.3.1 其他项目费

其他项目费是指分部分项工程费、措施项目费所包含的内容以外，因招标人的特殊要求而发生的与拟建工程有关的其他费用项目。工程建设标准的高低、工程的复杂程度、工程的工期长短、工程的组成………………管理要求等都直接影响其他项目费的具体内容。其他项目费包括暂列………………估价、工程设备暂估价、专业工程暂估价）、计日工、总承包服务费………………表下表的格式编制，出现未包含在表格内容的项目，可根据工程…………………………

清单与计价汇总表

序 号	项目…	金额(元)	结算金额(元)	备 注
1	暂列金额			
2	暂估价			
2.1	材料(工程设备)暂估价/结算价	—		
2.2	专业工程暂估价/结算价			
3	计日工			
4	总承包服务费			
5	索赔与现场签证			
合 计				

注：材料(工程设备)暂估单价进入清单项目综合单价，此处不汇总。

1) 暂列金额

暂列金额是指招标人在工程量清单中暂定并包括在合同价款中的一笔款项。用于工程合同签订时尚未确定或者不可预见的所需材料、工程设备、服务的采购，施工中可能发生的工程变更、合同约定调整因素出现时的合同价款调整，以及发生的索赔、现场签证确认等的费用。不管采用何种合同形式，其理想的标准是，一份合同的价格就是其最终的竣工结算价格，或者至少两者应尽可能接近。我国规定对政府投资工程实行概算管理，经项目审批部门

批复的设计概算是工程投资控制的刚性指标,即使商业性开发项目也有成本的预先控制问题,否则,无法相对准确预测投资的收益和科学合理地进行投资控制。但工程建设自身的特性决定了工程的设计需要根据工程进展不断地进行优化和调整,业主需求可能会随工程建设进展出现变化,工程建设过程还会存在一些不能预见、不能确定的因素。消化这些因素必然会影响合同价格的调整,暂列金额正是因这类不可避免的价格调整而设立,以便达到合理确定和有效控制工程造价的目标。设立暂列金额并不能保证合同结算价格就不会再出现超过合同价格的情况,是否超出合同价格完全取决于工程量清单编制人对暂列金额预测的准确性,以及工程建设过程是否出现了其他事先未预测到的事件。

暂列金额应根据工程特点,按有关计价规定估算。暂列金额可按照表 6.12 的格式列示。

表 6.12　暂列金额明细表

序　号	项目名称	计量单位	暂列金额(元)	备　注
合　计				—

注:此表由招标人填写,如不能详列,也可只列暂定金额总额,投标人应将上述暂列金额计入投标总价中。

2)暂估价

暂估价是指招标人在工程量清单中提供的用于支付必然发生但暂时不能确定价格的材料、工程设备的单价以及专业工程的金额,包括材料暂估单价、工程设备暂估单价和专业工程暂估价;暂估价类似于 FIDIC 合同条款中的 Prime Cost Items,在招标阶段预见肯定要发生,只是因为标准不明确或者需要由专业承包人完成,暂时无法确定价格。暂估价数量和拟用项目应当结合工程量清单中的"暂估价表"予以补充说明。为方便合同管理,需要纳入分部分项工程量清单项目综合单价中的暂估价应只是材料、工程设备暂估单价,以方便投标人组价。

专业工程的暂估价一般应是综合暂估价,同样包括人工费、材料费、施工机具使用费、企业管理费和利润,不包括规费和税金。总承包招标时,专业工程设计深度往往是不够的,一般需要交由专业设计人设计。在国际社会,出于对提高可建造性的考虑,一般由专业承包人负责设计,以发挥其专业技能和专业施工经验的优势。这类专业工程交由专业分包人完成是国际工程的良好实践,目前在我国工程建设领域也已经比较普遍。公开透明地合理确定这类暂估价的实际开支金额的最佳途径就是通过施工总承包人与工程建设项目招标人共同组织的招标。

暂估价中的材料、工程设备暂估单价应根据工程造价信息或参照市场价格估算,列出明细表;专业工程暂估价应分不同专业,按有关计价规定估算,列出明细表。暂估价可按表 6.13、表 6.14 的格式列示。

表 6.13 材料(工程设备)暂估单价及调整表

序号	材料(工程设备)名称、规格、型号	计量单位	数 量		暂估(元)		确认(元)		差额±(元)		备注
			暂估	确认	单价	合价	单价	合价	单价	合价	
合 计											

注:此表由招标人填写"暂估单价",并在备注栏说明暂估价的材料、工程设备拟用在哪些清单项目上,投标人应将上述材料、工程设备暂估价计入工程量清单综合单价报价中。

表 6.14 专业工程暂估价及结算价表

序 号	工程名称	工程内容	暂估金额(元)	结算金额(元)	差额±(元)	备 注
合 计						

注:此表"暂估金额"由招标人填写,投标人应将"暂估金额"计入投标总价中。结算时按合同约定结算金额填写。

3)计日工

在施工过程中,承包人完成发包人提出的工程合同范围以外的零星项目或工作,按合同中约定的单价计价的一种方式。计日工是为了解决现场发生的零星工作的计价而设立的。国际上常见的标准合同条款中;大多数都设立了计日工计价机制。计日工对完成零星工作所消耗的人工工时、材料数量、施工机械台班进行计量,并按照计日工表中填报的适用项目的单价进行计价支付。计日工适用的所谓零星项目或工作一般是指合同约定之外的或者因变更而产生的、工程量清单中没有相应项目的额外工作,尤其是那些难以事先商定价格的额外工作。

计日工应列出项目名称、计量单位和暂估数量。计日工可按照表6.15的格式列示。

表 6.15 计日工表

编 号	项目名称	单 位	暂定数量	实际数量	综合单价(元)	合 价(元)	
						暂 定	实 际
一	人工						
1							
2							
⋮							
人工小计							

续表

编 号	项目名称	单 位	暂定数量	实际数量	综合单价(元)	合 价(元)	
						暂 定	实 际
二	材料						
1							
2							
⋮							
材料小计							
三	施工机械						
1							
2							
⋮							
施工机械小计							
四、企业管理费和利润							
总 计							

注:此表项目名称、暂定数量由招标人填写,编制招标控制价时,单价由招标人按有关计价规定确定;投标时,单价由投标人自主报价,按暂定数量计算合价计入投标总价中。结算时,按发承包双方确认的实际数量计算合价。

4)总承包服务费

总承包服务费是指总承包人为配合协调发包人进行的专业工程发包,对发包人自行采购的材料、工程设备等进行保管以及施工现场管理、竣工资料汇总整理等服务所需的费用。招标人应预计该项费用并按投标人的投标报价向投标人支付该项费用。总承包服务费应列出服务项目及其内容等。总承包服务费按照表6.16的格式列示。

表6.16 总承包服务费计价表

序号	项目名称	项目价值(元)	服务内容	计算基础	费率(%)	金额(元)
1	发包人发包专业工程					
2	发包人提供材料					
⋮						
合 计		—	—	—	—	

注:此表项目名称、服务内容由招标人填写,编制招标控制价时,费率及金额由招标人按有关计价规定确定;投标时,费率及金额由投标人自主报价,计入投标总价中。

6.3.2 规费、税金

规费由社会保险费(包括养老保险费、失业保险费、医疗保险费、工伤保险费、生育保险费)、住房公积金、工程排污费组成;出现计价规范中未列的项目,应根据省级政府或省级有关权力部门的规定列项。

税金项目本包括营业税、城市维护建设税、教育费附加、地方教育附加,现在为响应国家有关营业税改为增值税要求[《关于全面推进营业税改征增值税试点的通知》(财税〔2016〕36 号),明确自 5 月 1 日起,在全国范围内全面实施营改增],《贵州省建筑与装饰工程计价定额》(GZ 01-31—2016)已明确说明营业税更改为增值税,城市维护建设税、教育费附加、地方教育附加放在企业管理费中,成为企业管理费的一部分。现贵州省建筑与装饰工程费用计算顺序表(一般计税)见表 6.17。

表 6.17　建筑与装饰工程费用计算顺序表(一般计税)

序　号	费用名称	计算式
1	分部分项工程费	$\sum$ 分部分项工程量 × 综合单价
1.1	人工费	$\sum$ 分部分项工程人工费
1.2	材料费(含未计价材)	$\sum$ 分部分项工程材料费
1.3	机械使用费	$\sum$ 分部分项工程机械使用费
1.4	企业管理费	$\sum$ 分部分项工程企业管理费
1.5	利润	$\sum$ 分部分项工程利润
2	单价措施项目费	$\sum$ 单价措施工程量 × 综合单价
2.1	人工费	$\sum$ 单价措施项目人工费
2.2	材料费(含未计价材)	$\sum$ 单价措施项目材料费
2.3	机械使用费	$\sum$ 单价措施项目机械使用费
2.4	企业管理费	$\sum$ 单价措施项目企业管理费
2.5	利润	$\sum$ 单价措施项目利润
3	总价措施项目费	3.1 + 3.2 + 3.3 + 3.4 + 3.5 + 3.6 + …
3.1	安全文明施工费	(1.1 + 2.1) × 14.36%
3.1.1	环境保护费	(1.1 + 2.1) × 0.75%
3.1.2	文明施工费	(1.1 + 2.1) × 3.35%
3.1.3	安全施工费	(1.1 + 2.1) × 5.8%
3.1.4	临时设施费	(1.1 + 2.1) × 4.46%
3.2	夜间和非夜间施工增加费	(1.1 + 2.1) × 0.77%
3.3	二次搬运费	(1.1 + 2.1) × 0.95%
3.4	冬雨季施工增加费	(1.1 + 2.1) × 0.47%
3.5	工程及设备保护费	(1.1 + 2.1) × 0.43%
3.6	工程定位复测费	(1.1 + 2.1) × 0.19%

续表

序号	费用名称	计算式
⋮		
4	其他项目费	
4.1	暂列金额	按招标工程量清单计列
4.2	暂估价	
4.2.1	材料暂估价	最高投标限价、投标报价:按招标工程量清单材料暂估价计入综合单价; 竣工结算:按最终确认的材料单价替代各暂估材料单价,调整综合单价
4.2.2	专业工程暂估价	最高投标限价、投标报价:按招标工程量清单专业工程暂估价金额; 竣工结算:按专业工程中标价或最终确认价计算
4.3	计日工	最高投标限价:计日工数量×120元/工日×120%(20%为企业管理费、利润取费率); 竣工结算:按确认计日工数量×合同计日工综合单价
4.4	总承包服务费	最高投标限价:招标人自行供应材料,按供应材料总价×1%;专业工程管理、协调,按专业工程估算价×1.5%;专业工程管理、协调、配合服务,按专业工程估算价×3%~5%; 竣工结算:按合同约定计算
5	规费	5.1+5.2+5.3
5.1	社会保障费	(1.1+2.1)×33.65%
5.1.1	养老保险费	(1.1+2.1)×22.13%
5.1.2	失业保险费	(1.1+2.1)×1.16%
5.1.3	医疗保险费	(1.1+2.1)×8.73%
5.1.4	工伤保险费	(1.1+2.1)×1.05%
5.1.5	生育保险费	(1.1+2.1)×0.58%
5.2	住房公积金	(1.1+2.1)×5.82%
5.3	工程排污费	实际发生时,按规定计算
6	税前工程造价	1+2+3+4+5
7	增值税	6×9%
8	工程总造价	6+7

注:①大型土石方工程:总价措施费按(分部分项工程人工费+单价措施项目人工费)×6.66%。

②单独发包的地基处理、边坡支护工程:总价措施费按(分部分项工程人工费+单价措施项目人工费)×8.93%。

③单独发包装饰工程:总价措施费按(分部分项工程人工费+单价措施项目人工费)×10.25%。

6.4　房屋建筑与装饰工程费用计算实例

● 背景

某工程建筑面积为 1 600 m²，纵横外墙基均采用同一断面的带形基础，无内墙，基础总长度为 80 m，基础上部为 370 mm 实心砖墙，带基结构尺寸如图 6.2 所示。混凝土现场浇筑，强度等级：基础垫层 C15，带形基础及其他构件均为 C30。项目编码及其他现浇有梁板及直形楼梯等分项工程的工程量见分部分项工程量清单与计价，见表 6.18。

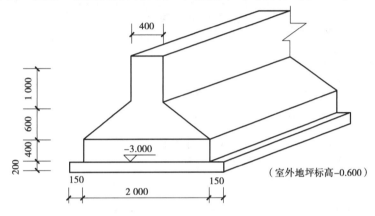

图 6.2　带形基础示意图

招标文件要求：①弃土采用翻斗车运输，运距 200 m，基坑夯实回填，挖、填土方计算均按天然密实土；②土建单位工程投标总报价根据清单计价的金额确定。某承包商拟投标此项工程，并根据本企业的管理水平确定管理费率为 12%，利润率和风险系数为 4.5%（以工料机和管理费为基数计算）。

● 问题

①根据图示内容和《房屋建筑与装饰工程量计算规范》和计价规范的规定，计算该工程带形基础、垫层、挖基础土方、回填土方的工程量，计算过程填入表 6.18 中。

②施工方案确定：基础土方为人工放坡开挖，依据企业定额的计算规则规定，工作面每边300 mm；自垫层上表面开始放坡，坡度系数为 0.33，余土全部外运。计算基础土方工程量。

③根据企业定额消耗量表 6.19、市场资源价格表 6.20 和《全国统一建筑工程基础定额》混凝土配合比表 6.21，模板费用放在措施项目费用中，编制该工程分部分项工程量清单综合单价表和分部分项工程量清单与计价表。

④措施项目企业定额费用，见表 6.22；措施项目清单编码，见表 6.23；措施费中安全文明施工费（含环境保护、文明施工、安全施工、临时设施）、夜间施工增加费、二次搬运费、冬雨季施工、已完工程和设备保护设施费的计取费率分别为：3.12%、0.7%、0.6%、0.8%、0.15%，其计取基数均为分部分项工程量清单合计价。基础模板、楼梯模板、有梁板模板、综合脚手架工程量分别为：224，316，1 260，1 600 m²，垂直运输按建筑面积计算其工程量。

依据上述条件和《房屋建筑与装饰工程量计算规范》的规定,编制该工程的总价措施项目清单与计价表、单价措施项目清单与计价表。

⑤其他项目清单与计价汇总表中明确:暂列金额 300 000 元,业主采购钢材暂估价 300 000 元(总包服务费按 1% 计取)。专业工程暂估价 500 000 元(总包服务费按 4% 计取),计日工中暂估 60 个工日,单价为 80 元/工日。编制其他项目清单与计价汇总表;若现行规费与增值税分别按 5%、11% 计取,编制单位工程投标报价汇总表。确定该土建单位工程的投标报价。

表 6.18 分部分项工程量清单与计价表

序号	项目编码	项目名称	项目特征	计量单位	工程量	计算过程
1	010101003001	挖沟槽土方	三类土,挖土深度 4 m 以内,弃土运距 200 m	m³		
2	010103001001	基础回填土	夯填	m³		
3	010501001001	带形基础垫层	C15 混凝土厚 200 mm	m³		
4	010501002001	带形基础	C30 混凝土	m³		
5	010505001001	有梁板	C30 混凝土厚 120 mm	m³	189.00	
6	010506001001	直形楼梯	C30 混凝土	m²	31.60	
7		其他分项工程	略	元	1 000 000	

表 6.19 企业定额消耗量表(节选)

单位:m³

企业定额编号		8-16	5-394	5-417	5-421	1-9	1-46	1-54
项　目	单位	混凝土垫层	混凝土带形基础	混凝土有梁板	混凝土楼梯(m²)	人工挖三类土	回填夯实土	翻斗车运土
人工	综合工日	工日	1.225	0.956	1.307	0.575	0.661	0.294	0.100
材料	现浇混凝土	m³	1.010	1.015	1.015	0.260			
	草袋	m²	0.000	0.252	1.099	0.218			
	水	m³	0.500	0.919	1.204	0.290			
机械	混凝土搅拌机 400 L		0.101	0.039	0.063	0.026			
	插入式振捣器		0.000	0.077	0.063	0.052			
	平板式振捣器	台班	0.079	0.000	0.063	0.000			
	机动翻斗车		0.000	0.078	0.000	0.000			0.069
	电动打夯机		0.000	0.000	0.000	0.000		0.008	

表 6.20 市场资源价格表

序号	资源名称	单位	价格(元)	序号	资源名称	单位	价格(元)
1	综合工日	工日	50.00	7	草袋	m^2	2.20
2	32.5 水泥	t	460.00	8	混凝土搅拌机 400 L	台班	96.85
3	粗砂	m^3	90.00	9	插入式振捣器	台班	10.74
4	砾石 40	m^3	52.00	10	平板式振捣器	台班	12.89
5	砾石 20	m^3	52.00	11	机动翻斗车	台班	83.31
6	水	m^3	3.90	12	电动打夯机	台班	25.61

表 6.21 《全国统一建筑工程基础定额》混凝土配合比表

单位:m^3

项 目		单 位	C15	C30 带形基础	C30 有梁板及楼梯
材 料	32.5 水泥	kg	249.00	312.00	359.00
	粗砂	m^3	0.510	0.430	0.460
	砾石 40	m^3	0.850	0.890	0.000
	砾石 20	m^3	0.000	0.000	0.830
	水	m^3	0.170	0.170	0.190

表 6.22 措施项目企业定额费用表

定额编号	项目名称	计量单位	人工费(元)	材料费(元)	机械费(元)
10-6	带形基础竹胶板木支撑	m^2	10.04	30.86	0.84
10-21	直行楼梯木模板木支撑	m^2	39.34	65.12	3.72
10-50	有梁板竹胶板木支撑	m^2	11.58	42.24	1.59
11-1	综合脚手架	m^2	7.07	15.02	1.58
12-5	垂直运输机械	m^2	0	0	25.43

表 6.23 工程量清单措施项目的统一编码

项目编码	项目名称	项目编码	项目名称
011701001	综合脚手架	011707001	安全文明施工费(含环境保护、安全施工、文明施工、临时设施)
011702001	基础模板	011707002	夜间施工增加费
011702014	有梁板模板	011707004	二次搬运费
011702024	楼梯模板	011707005	冬雨季施工
011703001	垂直运输机械	011707007	已完工程和设备保护设施费

● 分析要点

本案例要求按《房屋建筑与装饰工程量计算规范》和计价规范规定,掌握编制单位工程工程量清单与计价汇总表的基本方法;掌握编制工程量清单综合单价分析表、分部分项工程量清单与计价表、措施项目清单写计价表、其他项目清单与计价汇总表以及单位工程投标报价汇总表的操作实务;掌握分部分项工程通过本企业定额消耗量和市场价格形成综合单价的过程。

由于《房屋建筑与装饰工程量计算规范》的工程量计算规则规定:挖基础土方工程量是按基础垫层面积乘以挖土深度,不考虑工作面和放坡的土方。但是计算规范同时也注明,挖沟槽土方因工作面和放坡增加的工程量是否并入各土方工程中,应按各省、自治区、直辖市或行业建设主管部门的规定实施,本题计算清单工程量时,按不考虑工作面和放坡计算。实际挖土中,应考虑工作面、放坡、土方外运等内容。

● 解答

问题1:

根据图示内容和《房屋建筑与装饰工程量计算规范》和计价规范的规定,列表计算带形基础、垫层及挖填土方的工程量,分部分项工程量计算,见表 6.24。

表 6.24 分部分项工程量计算表

序号	项目编码	项目名称	项目特征	计量单位	工程量	计算过程
1	010101003001	挖沟槽土方	三类土,挖土深度 4 m 以内,弃土运距 200 m	m³	478.40	$2.3 \times 80 \times (3 + 0.2 - 0.6) = 478.40$
2	010103001001	基础回填土	夯填	m³	276.32	$478.40 - 36.80 - 153.60 - (3 - 0.6 - 2) \times 0.365 \times 80 = 276.32$
3	010501001001	带形基础垫层	C15 混凝土厚 200 mm	m³	36.80	$2.3 \times 0.2 \times 80 = 36.80$
4	010501002001	带形基础	C30 混凝土	m³	153.60	$[2.0 \times 0.4 + (2 + 0.4) \div 2 \times 0.6 + 0.4 \times 1] \times 80 = 153.60$
5	010505001001	有梁板	C30 混凝土厚 120 mm	m³	189.00	
6	010506001001	直形楼梯	C30 混凝土	m²	31.60	
7		其他分项工程	略	元	1 000 000	

问题2:

依据《全国统一建筑工程基础定额》的规定,工作面每边 300 mm;自垫层上表面开始放坡,坡度系数为 0.33;余土全部外运。计算该基础土方工程量。

①人工挖土方工程量计算：

$VW = \{(2.3 + 2 \times 0.3) \times 0.2 + [2.3 + 2 \times 0.3 + 0.33 \times (3 - 0.6)] \times (3 - 0.6)\} \times 80$
$\qquad = (0.58 + 8.86) \times 80 = 755.20 (m^3)$

②基础回填土工程量计算：

$VT = VW - 室外地坪标高以下埋设物$
$\qquad = 755.20 - 36.80 - 153.60 - 0.365 \times (3 - 0.6 - 2) \times 80 = 553.12 (m^3)$

③余土运输工程量计算：

$VY = VW - VT = 755.20 - 553.12 = 202.08 (m^3)$

问题 3：

根据表 6.17、表 6.18 和表 6.19，编制该工程分部分项工程量清单综合单价表和分部分项工程量清单与计价表。

首先，编制综合性分项工程的综合单价分析表，如人工挖基础土方、基础回填土、混凝土带形基础等分部分项工程的综合单价分析表，见表 6.23 至表 6.25，其次，编制该工程分部分项工程量清单综合单价汇总表，见表 6.26；最后，编制该工程的分部分项工程量清单与计价表，见表 6.27。

(1) 编制该工程的部分工程量清单综合单价分析表

①人工挖基础土方综合单价分析表，见表 6.25。

每 m^3 人工挖基础土方清单工程量所含施工工程量：

人工挖基础土方：$755.20 \div 478.40 = 1.579 (m^3)$

机械土方运输：$202.08 \div 478.40 = 0.422 (m^3)$

表 6.25　人工挖基础土方综合单价分析表

项目编码	010101003001		项目名称		人工挖基础土方		计量单位	m^3
清单综合单价组成明细								
定额编号	定额名称	定额单位	数量	单 价（元）				合 价（元）			
				人工费	材料费	机械费	管理费和利润	人工费	材料费	机械费	管理费和利润
1-9	基础挖土	m^3	1.579	33.05			5.63	52.19	0	0	8.89
1-54	土方运输	m^3	0.422	5.00		5.75	1.83	2.11	0	2.43	0.77
人工单价		小　计						54.30	0	2.43	9.66
50 元/工日		未计价材料（元）									
清单项目综合单价（元/m^3）								66.39			
材料费明细	主要材料名称、规格、型号		单位	数量	单价（元）		合价（元）	暂估单价（元）	暂估合价（元）		
	其他材料费（元）										
	材料费小计（元）										

②基础回填土综合单价分析表，见表 6.26。

每 1 m^3 基础回填土清单工程量所含基础回填土施工工程量：

$553.12 \div 276.32 = 2.002 (m^3)$

表 6.26　人工回填基础土方综合单价分析表

项目编码	010103001001	项目名称			基础回填土		计量单位			m^3
清单综合单价组成明细										
定额编号	定额名称	定额单位	数量	单价（元）				合价（元）		
				人工费	材料费	机械费	管理费和利润	人工费	材料费	机械费	管理费和利润
1-46	基础回填土	m^3	2.002	14.70		0.205	2.54	29.43		0.41	5.09
人工单价			小　计					29.43		0.41	5.09
50 元/工日			未计价材料（元）								
清单项目综合单价（元/ m^3 ）								34.93			
材料费明细	主要材料名称、规格、型号			单位	数量	单价（元）		合价（元）	暂估单价（元）	暂估合价（元）	
	其他材料费（元）										
	材料费小计（元）										

③带形基础综合单价分析表,见表 6.27。

表 6.27　混凝土带形基础综合单价分析表

项目编码	010501002001	项目名称			混凝土带形基础		计量单位			m^3
清单综合单价组成明细										
定额编号	定额名称	定额单位	数量	单价（元）				合价（元）		
				人工费	材料费	机械费	管理费和利润	人工费	材料费	机械费	管理费和利润
5-394	带形基础	m^3	1.000	47.8	236.74	11.10	50.38	47.80	236.74	11.10	50.38
人工单价			小　计					47.80	236.74	11.10	50.38
50 元/工日			未计价材料（元）								
清单项目综合单价（元/ m^3 ）								346.02			
材料费明细	主要材料名称、规格、型号			单位	数量	单价（元）		合价（元）	暂估单价（元）	暂估合价（元）	
	32.5 水泥			kg	316.68	0.46		145.67			
	砂			m^3	0.44	90.00		39.60			
	石子			m^3	0.90	52.00		46.80			
	其他材料费（元）							4.81			
	材料费小计（元）							236.74			

带形基础定额单价(元/m³)的计算过程如下：

人工费:$0.956 \times 50 = 47.80$(元/m³)

材料费:C30 混凝土单价 $= 312 \times 0.460 + 0.43 \times 90 + 0.89 \times 52 + 0.17 \times 3.9 = 229.163$(元/m³)

材料费单价 $= 1.015 \times 229.163 + 0.252 \times 2.20 + 0.919 \times 3.90 = 236.74$(元/m³)

机械费:$0.039 \times 96.85 + 0.077 \times 10.74 + 0.078 \times 83.31 = 11.10$(元/m³)

管理费:$(47.80 + 236.74 + 11.10) \times 12\% = 35.48$(元/m³)

利润:$(47.80 + 236.74 + 11.10 + 35.48) \times 4.50\% = 14.90$(元/m³)

④带形基础垫层、有梁板和直形楼梯综合单价的组成,采用与带形基础相同的计算方法(计算过程略,数值见表6.26)。

(2)编制分部分项工程综合单价汇总表(表6.28)

表6.28 分部分项清单综合单价汇总表

单位:元/m³

序号	项目编码	项目名称	项目特征	综合单价组成				综合单价
				人工费	材料费	机械费	管理费和利润	
1	010101003001	挖沟槽土方	三类土,挖土深度 4m 以内,弃土运距 200 m	54.30		2.43	9.67	66.40
2	010103001001	基础回填土	夯填	29.43		0.41	5.09	34.93
3	010501001001	带形基础垫层	C15 混凝土厚 200 mm	61.25	209.31	10.80	48.18	329.54
4	010501002001	带形基础	C30 混凝土	47.80	236.74	11.10	50.38	346.02
5	010505001001	有梁板	C30 混凝土厚 120 mm	65.35	261.31	7.59	56.47	390.72
6	010506001001	直形楼梯	C30 混凝土	28.75	66.73	3.08	16.66	115.22
7		其他分项工程	略					

(3)编制分部分项工程项目清单与计价表(表6.29)

表6.29 分部分项工程项目清单与计价表

序号	项目编码	项目名称	项目特征	计量单位	工程量	金 额(元)		
						综合单价	合 价	其中暂估价
1	010101003001	挖沟槽土方	三类土,挖土深度 4 m 以内,弃土运距 200 m	m³	478.40	66.40	31 765.76	

续表

序号	项目编码	项目名称	项目特征	计量单位	工程量	综合单价	合价	其中暂估价
2	010103001001	基础回填土	夯填	m³	276.32	34.93	9 651.86	
3	010501001001	带形基础垫层	C15混凝土厚200 mm	m³	36.80	329.54	12 127.07	
4	010501002001	带形基础	C30混凝土	m³	153.60	346.02	53 148.67	
5	010505001001	有梁板	C30混凝土厚120 mm	m³	189.00	390.72	73 846.08	
6	010506001001	直形楼梯	C30混凝土	m²	31.60	115.22	3 640.95	
7		其他分项工程	略（包含钢筋工程）				1 000 000.00	
合 计							1 184 180.39	

问题4：

【解】编制该工程措施项目清单计价表：

①措施项目中的通用项目参照《清单计价规范》选择列项，还可以根据工程实际情况补充，总价措施项目清单与计价表，见表6.30。

②措施项目中可以计算工程量的项目，宜采用分部分项工程量清单与计价表的方式编制，单价措施项目清单与计价表，见表6.31。

表6.30 总价措施项目清单与计价表

序号	项目编码	项目名称	计算基础	费率%	金额（元）
1	011707001001	安全文明施工费（含环境保护、文明施工、安全施工、临时设施）	1 184 180.39	3.12	36 946.42
2	011707002001	夜间施工增加费	1 184 180.39	0.7	8 289.26
3	011707004001	二次搬运费	1 184 180.39	0.6	7 105.08
4	011707005001	冬雨期施工	1 184 180.39	0.8	9 473.44
5	011707007001	已完工程和设备保护设施费	1 184 180.39	0.15	1 776.27
合 计					63 590.49

表6.31 单价措施项目清单与计价表

序号	项目编码	项目名称	项目特征	计量单位	工程量	综合单价	合价	其中暂估价
1	011702001001	基础模板	条形基础	m²	224.00	48.85	10 942.40	

序号	项目编码	项目名称	项目特征	计量单位	工程量	金额（元）		
						综合单价	合　价	其中暂估价
2	011702014001	有梁板模板	支撑高度 3.8 m	m²	1 260.00	64.85	81 711.00	
3	011702024001	楼梯模板	直形楼梯	m²	31.60	126.61	4 000.88	
4	011701001001	综合脚手架	现浇框架结构,檐口高度 12.60 m	m²	1 600.00	27.70	44 320.00	
5	011703001001	垂直运输机械	现浇框架结构,檐口高度 12.60 m,三层	m²	1 600.00	29.76	47 616.00	
			合　计				188 590.28	

表 6.29 中：

基础模板综合单价：$(10.04 + 30.86 + 0.84) \times (1 + 12\%) \times (1 + 4.5\%) = 48.85$（元）

有梁板模板综合单价：$(11.58 + 42.24 + 1.59) \times (1 + 12\%) \times (1 + 4.5\%) = 64.85$（元）

楼梯模板综合单价：$(39.34 + 65.12 + 3.72) \times (1 + 12\%) \times (1 + 4.5\%) = 126.61$（元）

综合脚手架综合单价：$(7.07 + 15.02 + 1.58) \times (1 + 12\%) \times (1 + 4.5\%) = 27.70$（元）

垂直运输机械综合单价：$25.43 \times (1 + 12\%) \times (1 + 4.5\%) = 29.76$（元）

问题 5：

①编制该工程其他项目清单与计价汇总表，见表 6.32。

表 6.32 **其他项目清单与计价汇总表**

序号	项目名称	计量单位	金　额	备　注
1	暂列金额	元	300 000.00	
2	业主采购钢材暂估价	元	300 000.00	不计入总价
3	专业工程暂估价	元	500 000.00	
4	计日工 60 × 80 = 4 800 元	元	4 800.00	
5	总包服务费 500 000 × 4% = 20 000 元 30 0000 × 1% = 3 000 元	元	23 000.00	
		元	827 800.00	

注：业主采购钢材暂估价进入相应清单项目综合单价，此处不汇总。

②编制土建单位工程投标报价汇总表，见表 6.33。

表 6.33 **单位工程投标报价汇总表**

序号	项目名称	金额（元）
1	分部分项工程量清单合计	1 184 180.39
1.1	略	

续表

序号	项目名称	金额(元)
⋮		
2	措施项目清单合计	252 180.77
2.1	总价措施项目	63 590.49
2.2	单价措施项目	188 590.28
3	其他项目清单合计	827 800.00
3.1	暂列金额	300 000.00
3.2	业主采购钢材	—
3.3	专业工程暂估价	500 000.00
3.4	计日工	4 800.00
3.5	总承包服务费	23 000.00
4	规费[(1)+(2)+(3)]×5% =2 264 161.16×5%	113 208.06
5	税金[(1)+(2)+(3)+(4)]×11% =2 377 369.22×11%	261 510.61
	合　计	2 638 879.83

③确定该土建单位工程总报价。

土建单位工程总投标价为:2 638 879.83(元)。

本章小结

本章属于《房屋建筑与装饰工程计量与计价》的计价范畴,是本书的重点内容。房屋建筑与装饰工程的费用是属于建筑安装工程费用,由分部分项工程费,措施项目费,其他项目费,规费和税金组成。分部分项工程费包含人工费、材料费、机械费、管理费、利润、风险费,该部分费用在投标时属于可竞争性费用,在计算该项费用时,可参考当地定额组价,也可根据本公司的实际情况调价。措施项目费分单价措施项目费和总价措施项目费两种,单价措施项目费在投标时也属于可竞争性费用,计算原理和方法同分部分项工程费;总价措施项目费一般按当地定额规定方法并参考工程实际情况计取,值得注意的是除安全文明施工费外,其余全部为可竞争的措施费。其他项目费除计日工和总承包服务费需要投标单位报价外,其余均根据招标单位的要求填写。规费和税金按当地相关文件要求计取。

课后习题

一、单项选择题

1.根据现行建筑安装工程费用项目组成规定,下列费用项目属于按造价形成划分的是
(　　)。

    A.人工费　　　　　　　B.企业管理费　　　　　C.利润　　　　　　　　D.税金

2. 以下不属于综合单价费用组成的是(　　　)。

　　A. 人工费　　　　　　　　　B. 企业管理费　　　　　　C. 利润　　　　　　　　D. 税金

3. 分部分项工程量清单项目编码以(　　　)级编码设置,用 12 位阿拉伯数字表示。

　　A. 二　　　　　　　　　　B. 三　　　　　　　　　C. 四　　　　　　　　D. 五

4. 清单项目编码 010201001001 中的第一级编码代表(　　　)。

　　A. 房屋建筑与装饰工程　　B. 仿古建筑工程　　　C. 市政工程　　　　　D. 园林工程

5. 招标工程量清单的项目特征中通常不需描述的内容是(　　　)。

　　A. 材料材质　　　　　　　B. 结构部位　　　　　C. 工程内容　　　　　D. 规格尺寸

6. 以下属于单价措施项目内容的是(　　　)。

　　A. 安全文明施工费　　　　　　　　　　　　B. 脚手架费

　　C. 冬雨季施工增加费　　　　　　　　　　　D. 二次搬运费

7. 以下总价措施项目费中属于不可竞争性费用的是(　　　)。

　　A. 安全文明施工费　　　　　　　　　　　　B. 冬雨季施工增加费

　　C. 二次搬运费　　　　　　　　　　　　　　D. 夜间施工增加费

8. 以下不属于安全文明施工费的内容是(　　　)。

　　A. 环境保护费　　　　　　　　　　　　　　B. 工程排污费

　　C. 安全施工费　　　　　　　　　　　　　　D. 临时设施费

9. 根据《建设工程工程量计价规范》(GB 50500—2013),关于其他项目清单的编制和计价,下列说法正确的是(　　　)。

　　A. 暂列金额由招标人在工程量清单中暂定

　　B. 暂列金额包括暂不能确定价格的材料暂定价

　　C. 专业工程量暂估价中包括规费和税金

　　D. 计日工单价中不包括企业管理费和利润

10. 以下不属于规费内容的是(　　　)。

　　A. 工程排污费　　　　　　　　　　　　　　B. 环境保护费

　　C. 社会保障费　　　　　　　　　　　　　　D. 住房公积金

二、计算题

已知某分项工程的工程量为 80 m²,综合单价为 55.00 元/m²,假设此分项工程无相关单价措施项目,总价措施项目只计取安全文明施工费、二次搬运费、工程及设备保护费,其他项目费不计,试计算该分项工程的工程造价[各费用取费基数及费率按《贵州省建筑与装饰工程计价定额》(2016 版)执行]。

第 7 章
施工阶段的变更、索赔与竣工结算

学习目标

了解工程变更的内容、程序,熟悉工程索赔的种类和计算方法,掌握竣工结算的流程及相关要求。

学习建议

先熟悉工程变更、索赔的各项条款要求及程序,后详细计算变更及索赔费用,再结合施工阶段发生的其他费用收支后计算竣工结算,同时学习本章时建议多看一些竣工结算案例。

7.1　施工阶段的变更、索赔

7.1.1　工程变更

1)工程变更的含义

工程变更是指施工合同履行过程中出现与签订合同时的预计条件不一致的情况,而需要改变原定施工承包范围内的某些工作内容。工程变更是影响工程价款结算的重要因素。

2)工程变更的范围和内容

工程变更包括工程量变更、工程项目变更(如建设单位提出增加或删减工程项目内容)、进度计划变更、施工条件变更等,主要包括以下 5 个方面:

①取消合同中任何一项工作;

②改变合同中任何一项工作的质量或其他特性;

③改变合同工程的基线、标高、位置或尺寸；

④改变合同中任何一项工作的施工时间或改变已批准的施工工艺或顺序；

⑤为完成工程需要追加的额外工作。

3）工程变更程序

一般工程施工过程中出现的工程变更可分为监理人指示的工程变更和施工承包单位申请的工程变更两类。

（1）监理人指示的工程变更

监理人根据工程施工的实际需要或建设单位要求实施的工程变更，经过建设单位同意后可以直接向施工单位发出变更指示，要求其进行工程变更施工。如按照建设单位的要求提高质量标准、设计错误需要进行的设计修改、协调施工中的交叉干扰等情况。有时也可与施工单位协商后再确定是否实施变更，如增加承包范围外的某项新工作等，此时监理人首先向施工单位发出变更意向书，说明变更的具体内容和建设单位对变更的时间要求等，并附必要的图纸和相关资料，施工单位收到监理人的变更意向通知书后，如果同意实施变更，则向监理人提出变更建议书（内容主要有拟实施变更工作的计划、措施、时间等内容），若不同意，也应通知监理人并说明原因。

（2）施工承包单位提出的工程变更

当施工单位收到图纸和合同文件后，经检查认为其中存在属于变更范围的情形，如改变工程的位置和尺寸、增加工作内容等，可向建设单位和监理人提出书面变更意见，监理人与建设单位研究后确定存在变更的，可向施工单位发出变更指示。当施工单位对建设单位提供的图纸、技术要求等提出了可能降低合同价格、缩短工期或提高工程经济效益的合理化建议时也可进行工程变更，同时建设单位可按合同专用条款的约定给予施工单位奖励。

7.1.2　工程索赔

工程索赔是在施工合同履行中，当事人一方由于另一方未履行合同所规定的义务或者出现了应当由对方承担的风险而遭受损失时，向另一方提出赔偿要求的行为。通常，索赔是双向的，既包括施工单位向建设单位的索赔，也包括建设单位向施工单位的索赔。但在工程实践中，建设单位索赔数量较小，而且可通过冲账、扣拨工程款、扣保证金等实现对施工单位的索赔；而施工单位对建设单位的索赔则比较困难一些。通常情况下，索赔是指施工承包单位在合同实施工程中，对非自身原因造成的工程延期、费用增加而要求建设单位给予补偿损失的一种权利要求。

1）工程索赔产生的原因

①业主方（建设单位或监理人）违约。在工程实施过程中，由于建设单位或监理人没有尽到合同义务，导致索赔事件发生。如未按合同规定提供设计图纸、资料，未及时下达指令、答复请示等，使工程延期；未按合同规定的日期交付施工场地和行驶道路、提供水电、提供应由建设单位提供的材料和设备，使施工承包单位不能及时开工或造成工程中断；未按合同规定按时支付工程款，或不再继续履行合同；下达错误指令，提供错误信息；建设单位或监理人协调工作不力等。

②合同缺陷。合同缺陷表现为合同文件规定不严谨甚至矛盾、合同条款遗漏或错误,设计图纸错误造成设计修改、工程返工、窝工等。

③合同变更。如建设单位指令增加、减少工作量,增加新的工程,提高设计标准;由于非施工单位原因,建设单位指令中止工程施工;建设单位要求施工单位采取加速措施,其原因是非施工单位责任的工程拖延,或建设单位希望在合同工期前交付工程;建设单位要求修改施工方案,打乱施工顺序等。

④工程环境的变化。如材料价格和人工工日单价的大幅度上涨,国家法令的修改,货币贬值,外汇汇率变化等。

⑤不可抗力或不利的物质条件。不可抗力又可以分为自然事件和社会事件。自然事件主要是工程施工过程中不可避免发生并不能克服的自然灾害,包括地震、海啸、瘟疫、水灾等;社会事件则包括国家政策、法律、法令的变更,战争、罢工等。不利的物质条件通常是指承包人在施工现场遇到的不可见的自然物质条件、非自然的物质障碍和污染物,包括地下和水文条件。

2)工程索赔的分类

按索赔的目的分类,工程索赔可分为工期索赔和费用索赔。

①工期索赔。由于非施工单位的原因导致施工进度拖延,要求批准延长合同工期的索赔。

②费用索赔。费用索赔是施工单位要求建设单位补偿其经济损失。当施工的客观条件改变导致施工单位增加开支时,要求对超出计划成本的附加开支给予补偿,以挽回不应由其承担的经济损失。

3)工程索赔处理程序

(1)施工单位的索赔程序

施工单位应在知道或应当知道索赔事件发生后 28 天内,向监理人递交索赔意向通知书,并说明发生索赔事件的缘由;发出索赔意向通知书后 28 天内,向监理人正式递交索赔通知书,此时应详细说明索赔理由以及要求追加的工期和费用,并附必要的记录和证明资料。

(2)监理人处理索赔的程序

监理人收到施工单位提交的索赔通知书后,应及时审查索赔通知书的内容、查验施工单位的记录和证明资料并商定或确定追加的付款和延长的工期,并在收到上述索赔通知书或有关索赔的进一步证明资料后的 42 天内,将索赔处理结果答复施工单位;施工单位接受索赔处理结果的,建设单位应在作出索赔处理结果答复 28 天内完成赔付;施工单位不接受索赔处理结果的,按合同中争议解决条款的约定处理。

【例7.1】某工业生产项目基础土方工程施工中,承包商在合同未标明有坚硬岩石的地方遇到较多的坚硬岩石,开挖工作变得困难,由此造成了实际生产率比原计划低得多,经测算影响工期3个月。由于施工速度减慢,使得部分施工任务拖到雨季进行,按一般公认标准核算,又影响工期两个月。为此承包商准备提出索赔。

问题：

(1) 该项施工索赔能否成立？为什么？在该索赔事件中，应提出的索赔内容包括哪些方面？

(2) 承包商应提供的索赔文件有哪些？请协助承包商拟定一份索赔意向通知。

(3) 在后续施工中，业主要求承包商根据设计院提出的设计变更图纸施工。试问依据相关规定，承包商应就该变更做好哪些工作？

【解】

问题(1)：

该项施工索赔能成立。施工中在合同未标明有坚硬岩石的地方遇到较多的坚硬岩石，导致施工现场的施工条件与原来的勘察有很大差异，属于业主的责任范畴。

本事件使承包商由于意外地质条件造成施工困难，导致工期延长，相应产生额外工程费用，因此，应包括费用索赔和工期索赔。

问题(2)：

承包商应提供的索赔文件有：

① 索赔意向通知书；

② 索赔报告；

③ 索赔证据与详细计算书等附件。

索赔意向通知书的参考形式如下：

索赔通知

致业主代表(或监理工程师)：

我方希望你方对工程地质条件变化问题引起重视：在合同未标明有坚硬岩石的地方遇到较多的坚硬岩石，致使我方实际生产率低，而引起进度拖延，并不得不在雨季施工。

上述施工条件变化，造成我方施工现场作业方案与原方案有很大不同，为此向你方提出索赔要求，具体工期索赔及费用索赔依据与计算书在随后的索赔报告中。

承包商：×××

××××年××月××日

问题(3)：

首先，应组织相关人员学习和研究设计变更图纸及其他相关资料，明确变更所涉及的范围和内容，并就变更的合理性、可行性进行研讨；如果变更图纸有不妥之处，应主动与业主沟通，建议进一步改进变更方案和修改图纸；接到修改图纸之后(或确认设计变更图纸不需要修改之后)，研究制订实施方案和计划并报业主审批。

然后，在合同约定的时间内，向业主提出变更工程价款和工期顺延的报告。业主方应在收到书面报告后的 14 天内予以答复，若同意该报告，则调整合同；如不同意。双方应就有关内容进一步协商，协商一致后，修改合同。若协商不一致，按工程合同争议的处理方式解决。

【例 7.2】某工程项目，工程招标文件参考资料中提供的用砂地点距工地 4 km，但是开工后，检查该砂质量不符合要求，承包商只得从另一距工地 20 km 的供砂地点采购。而在一个关键面上又发生了 4 项临时停工事件：

事件1：5月20日至5月26日承包商的施工设备出现了从未出现过的故障；

事件2：应于5月27日交给承包商的后续图纸直到6月9日才交给承包商；

事件3：6月10日到6月12日施工现场下了罕见的特大暴雨；

事件4：6月13日到6月14日该地区的供电全面中断。

问题：

（1）由于供砂距离的增大，必然引起费用的增加，承包商经过仔细认真计算后，在业主指令下达的第三天，向业主的造价工程师提交了将原用砂单价每立方米提高5元的索赔要求。该索赔要求是否成立？为什么？

（2）承包商按规定的索赔程序针对上述4项临时停工事件向业主提出了索赔，试说明每项事件工期和费用索赔能否成立？为什么？

（3）试计算承包商应得到的工期和费用索赔是多少（如果费用索赔成立，则业主按2万元/天补偿给承包商）？

（4）在业主支付给承包商的工程进度款中是否应扣除因设备故障引起的竣工拖期违约损失赔偿金？为什么？

【解】

问题（1）：

因供砂距离增大提出的索赔不能被批准，理由是：

①承包商应对自己就招标文件的解释负责；

②承包商应对自己报价的正确性与完备性负责；

③作为一个有经验的承包商可以通过现场踏勘确认招标文件参考资料中提供的用砂质量是否合格，若承包商没有通过现场踏勘发现用砂质量问题，其相关风险应由承包商承担。

问题（2）：

事件1：工期和费用索赔均不成立，因为设备故障属于承包商应承担的风险。

事件2：工期和费用索赔均成立，因为延误图纸交付时间属于业主应承担的风险。

事件3：特大暴雨属于双方共同的风险，工期索赔成立，设备和人工的窝工费用索赔不成立。

事件4：工期和费用索赔均成立，因为停电属于业主应承担的风险。

问题（3）：

事件2：5月27日至6月9日，工期索赔14天，费用索赔14天×2万元/天＝28万元。

事件3：6月10日至6月12日，工期索赔3天。

事件4：6月13日至6月14日，工期索赔2天，费用索赔2天×2万元/天＝4万元。

合计：工期索赔19天，费用索赔32万元。

问题（4）：

业主不应在支付给承包商的工程进度款中扣除竣工拖期违约损失赔偿金，因为设备故障引起的工程进度拖延不等于竣工工期的拖延。如果承包商能够通过施工方案的调整将延误的时间补回，不会造成工期延误，如果承包商不能够通过施工方案的调整将延误的时间补回，将会造成工期延误。因此，工期提前奖励或拖期罚款应在竣工时处理。

7.2　竣工结算

7.2.1　竣工结算概述

工程竣工结算是指施工单位与建设单位之间根据双方签订的合同(含补充协议)和已完工程量进行工程合同价款结算的经济文件。

工程竣工结算由承包人或受其委托的具有相应资质工程造价咨询人编制,由发包人或受其委托具有相应资质的工程造价咨询人核对。

7.2.2　工程竣工结算的依据

①定额及工程量计价清单规范;

②施工合同;

③工程竣工图纸及资料;

④双方确认的工程量;

⑤双方确认追加(减)的工程价款;

⑥双方确认的索赔、现场签证事项及价款;

⑦投标文件;

⑧招标文件;

⑨其他依据。

7.2.3　工程竣工结算总额的计算方式

1)合同价加签证计算方式

合同价是指按照国家有关规定由甲乙双方在合同中约定的工程造价。采用清单招标时,中标人填报的清单分项工程单价是承包合同的组成部分,结算时按实际完成的工程量,以合同中的工程单价为依据计算结算价款。对合同中未包括的条款,在施工过程中发生的历次工程变更所增减的费用,经建设单位或监理人签证后,与原中标合同一起结算。

2)平方米造价包干方式

承发包双方根据一定的工程资料,经协商签订每平方米造价指标的合同,结算时按实际完成的建筑面积汇总结算价款。

3)承包总价结算方式

这种方式的工程承包合同为总价承包合同。工程竣工后,暂扣合同价的 2% ~5% 作为质量保证金,其余工程价款一次结清,在施工过程中发生的材料代用、主要材料价差、工程量的变化等,如果合同中没有可以调价的条款,一般不予调整。

7.2.4　竣工结算款的支付

当工程经验收合格后,承包人应根据相关资料,向发包人提交竣工结算款支付申请,该申请应包括下列内容：

①竣工结算工程价款总额；

②累计已实际支付的工程价款（主要指工程预付款和工程进度款）；

③应扣留的质量保证金；

④实际应支付的竣工结算款金额，即①—②—③。

1）工程预付款

工程预付款是指建设工程施工合同订立后，由发包人按照合同约定，在正式开工前预先支付给承包人的工程款。它是施工准备和所需要材料、结构件等流动资金的主要来源，国内习惯上又称为预付备料款。

（1）预付款的限额与拨付

建设单位向施工单位拨付预付款的额度，一般取决于工程项目中主要材料（含结构件等）占年度承包工程总价的比重，材料储备定额天数和年度施工天数等因素，计算公式为：

工程预付款数额 = 年度工程总价 × 主要材料比例（%）÷ 年度施工天数 × 材料储备定额天数

式中，年度施工天数按 365 天日历天计算，材料储备定额天数由当地材料供应的在途天数、加工天数、整理天数、供应间隔天数、保险天数等因素决定。

发包人根据工程的特点、工期长短、市场行情、供求规律等因素，也可在合同条件中约定工程预付款的百分比，原则上不低于合同金额的 10%，不高于合同金额的 30%。

原则上发包人应在双方签订合同后的一个月内或不迟于约定的开工日期前的 7 天内预付工程款；发包人不按约定预付，承包人应在预付时间到期后 10 天内向发包人发出要求预付的通知，发包人收到通知后仍不按要求预付，承包人可在发出通知 14 天后停止施工，发包人应从约定应付之日起向承包人支付应付款的利息，并承担违约责任。

（2）预付款的扣回

发包人支付给承包人的工程预付款属于预支性质，随着工程的逐步实施后，原已支付的预付款应以充抵工程价款的方式陆续扣回，抵扣方式应当由双方当事人在合同中明确约定。扣款的方式主要有以下两种：

①按合同约定扣款。预付款的扣款方法由发包人和承包人通过洽商后在合同中予以确定，一般是在承包人完成金额累计达到合同总价的一定比例后，由承包人开始向发包人还款，发包方从每次应付给承包人的金额中扣回工程预付款，发包人至少在合同规定的工期前将工程预付款的总金额逐次扣回。

②起扣点计算法。从未施工工程尚需的主要材料及构件的价值相当于工程预付款数额时起扣，此后每次结算工程价款时，按材料所占比重扣减工程价款，至工程竣工前全部扣清。起扣点的计算公式如下：

$$T = P - \frac{M}{N}$$

式中　T——起扣点（即工程预付款开始扣回时）的累计完成工程金额；

　　　M——工程预付款总额；

　　　N——主要材料及构件所占比重；

　　　P——承包工程合同总额。

2) 工程进度款

工程进度款也称为合同价款的期中支付,是指发包人在合同工程施工过程中,按照合同约定对付款周期内(一般按月或形象进度)承包人完成的合同价款给予支付的款项。

(1)已完工程的结算价款

已标价工程量清单中的单价项目,承包人应按工程计量确认的工程量与综合单价计算。如综合单价发生调整的,以发承包双方确认调整的综合单价计算进度款。已标价工程量清单中的总价项目(如安全文明施工费、二次搬运费等),承包人应按合同约定的进度款支付分解,分别列入进度款支付申请中的安全文明施工费和其他本月应支付的总价项目的金额中。

(2)结算价款的调整

承包人现场签证和得到发包人确认的索赔金额应列入本月应增加的金额中。由发包人提供的材料、工程设备金额,应按照发包人签约提供的单价和数量从进度款支付中扣除,列入本月应扣减的金额中。

(3)进度款的支付比例

进度款的支付比例按照合同约定,按期中结算价款总额计,不低于60%,不高于90%。

3) 安全文明施工费

安全文明施工费的支付不同于其他总价措施项目,发包人应在工程开工后的28天内预付不低于当年施工进度计划的安全文明施工费总额的60%,其余部分按照提前安排的原则进行分解,与进度款同期支付。发包人没有按时支付安全文明施工费的,承包人可催告发包人支付;发包人在付款期满后的7天内仍未支付的,若发生安全事故,发包人应承担连带责任。

4) 工程进度款支付的程序

(1)进度款支付申请

承包人应在每个计量周期(一般按月)到期后向发包人提交已完工程进度款支付申请一式四份,详细说明此周期认为有权得到的款额。支付申请的内容包括:

①累计已完成的合同价款;

②累计已实际支付的合同价款;

③本周期合计完成的合同价款,其中包括本周期已完成单价项目的金额、应支付的总价项目的金额、已完成的计日工价款、应支付的安全文明施工费、应增加的金额;

④本周期合计应扣减的金额,其中包括本周期应扣回的预付款和应扣减的金额;

⑤本周期实际应支付的工程进度款。

(2)进度款支付证书

发包人应在收到承包人进度款支付申请后,根据计量结果和合同约定对申请内容予以核实,确认后向承包人出具进度款支付证书。若发、承包双方对有的清单项目的计量结果出现争议,发包人应对无争议部分的工程计量结果向承包人出具进度款支付证书,争议之处根据合同约定进行解决。

5) 工程质量保证金

工程质量保证金是指发、承包双方在工程合同中约定,从应付的工程款中预留,用以保证承包人在缺陷责任期内对建设工程出现的缺陷进行维修的资金。缺陷责任期并非质量保修期,在正常使用条件下,建设工程的最低保修期限为:

①基础设施工程、房屋建筑的地基基础工程和主体结构工程,为设计文件规定的该工程的合理使用年限;

②屋面防水工程、有防水要求的卫生间、房间和外墙面的防渗漏,为 5 年;

③供热与供冷系统,为两个采暖期、供冷期;

④电气管线、给排水管道、设备安装和装修工程,为 2 年。

缺陷责任期是指承包人按照合同约定承担缺陷修复义务,一般来说指发包人预留质量保证金的期限,自工程通过竣工验收之日起计算。缺陷责任期一般为 6 个月、12 个月或 24 个月。

全部或者部分使用政府投资的建设项目,按工程价款结算总额 5% 左右的比例预留保证金,社会投资项目采用预留保证金方式的,预留保证金的比例可以参照政府投资的项目在合同中约定。

6)最终结清

最终结清是指合同约定的缺陷责任期终止后,承包人已按合同约定完成全部质量缺陷且质量合格的,发包人与承包人结清全部剩余款项的活动。

若在缺陷责任期内未出现需要维修事宜,或出现维修情况时承包人按合同要求予以维修且质量合格,则缺陷责任期终止后,发包人应全额支付工程结算时预留的质量保证金。

若在缺陷责任期内出现需要维修事宜,承包人未按约定予以维修,则缺陷责任期终止后,发包人可在工程质量保证金中扣除因工程缺陷维修支付的费用,剩余部分支付给承包人。如果被扣留的质量保证金不足以抵减发包人工程缺陷修复费用的,承包人应承担不足部分的补偿责任。

【例7.3】某施工单位承包某工程项目,甲乙双方签订的关于工程价款的合同内容有:

(1)建筑安装工程造价660 万元,建筑材料及设备费占施工产值的比重为 60%;

(2)工程预付款为建筑安装工程造价的 20%。工程实施后,工程预付款从未施工工程尚需的建筑材料及设备费用相当于工程预付款数额时起扣,从每次结算工程价款中按材料和设备占施工产值的比重扣抵工程预付款,竣工前全部扣清;

(3)工程进度款逐月计算;

(4)工程质量保证金为建筑安装工程造价的 3%,竣工结算月一次扣留;

(5)建筑材料和设备价差调整按当地工程造价管理部门有关规定执行(当地工程造价管理部门有关规定,上半年材料和设备价差上调 10%,在 6 月份一次调增)。

工程各月实际完成产值(不包括调整部分),见表 7.1。

表7.1　程各月实际完成产值

单位:万元

月　份	2	3	4	5	6	合　计
完成产值	55	110	165	220	110	660

问题：

(1)通常工程竣工结算的前提是什么？

(2)该工程的工程预付款、起扣点为多少？

(3)该工程2月至5月每月拨付工程进度款为多少？累计工程进度款为多少？

(4)6月份办理竣工结算，该工程结算造价为多少？甲方应付工程结算款为多少？

(5)该工程在保修期间发生屋面漏水，甲方多次催促乙方修理，乙方一再拖延，最后甲方另请施工单位修理，修理费1.5万元，该项费用如何处理？

【解】问题1：

工程竣工结算的前提是承包商按照合同规定的内容全部完成所承包的工程，并符合合同要求，经相关部门联合验收质量合格。

问题2：

工程预付款：$660 \times 20\% = 132$(万元)；

起扣点：$660 - 132/60\% = 440$(万元)。

问题3：

2月：工程进度款55万元，累计工程进度款55万元；

3月：工程进度款110万元，累计工程进度款 $= 55 + 110 = 165$(万元)；

4月：工程进度款165万元，累计工程进度款 $= 165 + 165 = 330$(万元)；

5月：因5月累计已完成 $220 + 330 = 550$(万元)，超过预付款起扣点440万元，故5月份应扣预付款：$(550 - 440) \times 60\% = 66$(万元)；

5月份工程进度款 $= 220 - (550 - 440) \times 60\% = 154$(万元)

累计工程进度款 $= 330 + 154 = 484$(万元)。

问题4：

工程竣工结算总造价：$660 + 660 \times 60\% \times 10\% = 699.6$(万元)；

甲方应付工程竣工结算款：$699.6 - 484 - 699.6 \times 3\% - 132 = 62.612$(万元)。

问题5：

1.5万元维修费应在最终结清时从扣留的质量保证金中支付。

【例7.4】某业主与承包商签订了某建筑安装工程项目总包施工合同。承包范围包括土建工程和水、电、通风设备安装工程，合同总价为4 800万元。工期为2年，第一年已完成2 600万元，第二年应完成2 200万元。承包合同规定：

(1)业主应向承包商支付当年合同价25%的工程预付款。

(2)工程预付款应从未施工工程尚需的建筑材料及设备费用相当于工程预付款数额时起扣，每月以抵充工程款的方式陆续扣留，竣工前全部扣清；主要材料及设备费占工程款的比重按62.5%考虑。

(3)工程质量保证金为承包合同总价的3%，经双方协商，业主从每月承包商的工程款中按3%的比例扣留。在缺陷责任期满后，工程质量保证金扣除已支出费用后的剩余部分退还给承包商。

(4)业主按实际完成建安工程量每月向承包商支付工程进度款，但当承包商每月实际完成的建安工作量少于计划完成建安工作量的10%及以上时，业主可按5%的比例扣留工程进度款,在工程竣工结算时将扣留工程款退还给承包商。

(5)除设计变更和其他不可抗力因素外,合同价格不作调整。

(6)由业主直接提供的材料和设备在发生当月的工程进度款中扣回其费用。

经业主的工程师代表签认的承包商在第2年各月计划和实际完成的建安工作量以及业主直接提供的材料、设备价值见表7.2。

表7.2　第2年各月计划和实际完成的建安工作量以及业主直接提供的材料、设备价值

单位:万元

月份	1—6	7	8	9	10	11	12
计划完成建安工作量	1 100	200	200	200	190	190	120
实际完成建安工作量	1 110	180	210	205	195	180	120
业主直供材料、设备价值	90.56	35.5	24.4	10.5	21	10.5	5.5

问题:

(1)工程预付款是多少?

(2)工程预付款从几月份开始起扣?

(3)1月至6月以及其他各月业主应支付给承包商的工程款是多少?

(4)竣工结算时,业主应支付给承包商的工程结算款是多少?

【解】问题1:

工程预付款:$2\,200 \times 25\% = 550$(万元)。

问题2:

工程预付款的起扣点:$2\,200 - 550/62.5\% = 1\,320$(万元);

开始起扣工程预付款的时间为8月份,因为8月份累计实际完成的建安工作量:

$1\,110 + 180 + 210 = 1\,500$(万元)$> 1\,320$万元。

问题3:

①1月至6月业主应支付给承包商的工程进度款:$1\,110 \times (1 - 3\%) - 90.56 = 986.14$(万元)。

②7月份,该月份建安工作量实际值与计划值比较,未达到计划值,相差$(200 - 180)/200 = 10\%$,故应扣留工程款:$180 \times 5\% = 9$(万元)。

业主应支付给承包商的工程进度款:$180 \times (1 - 3\%) - 9 - 35.5 = 130.1$(万元)。

③8月份:

应扣工程预付款:$(1\,500 - 1\,320) \times 62.5\% = 112.5$(万元);

业主应支付给承包商的工程进度款:$210 \times (1 - 3\%) - 112.5 - 24.4 = 66.8$(万元)。

④9月份:

应扣工程预付款:$205 \times 62.5\% = 128.125$(万元);

业主应支付给承包商的工程进度款:$205 \times (1 - 3\%) - 128.125 - 10.5 = 60.225$(万元)。

⑤10 月份：

应扣工程预付款：$195 \times 62.5\% = 121.875$（万元）；

业主应支付给承包商的工程进度款：$195 \times (1 - 3\%) - 121.875 - 21 = 46.275$（万元）。

⑥11 月份：

该月份建安工作量实际值与计划值比较，未达到计划值，相差$(190 - 180)/190 = 5.26\% < 10\%$，工程进度款不扣；

应扣工程预付款：$180 \times 62.5\% = 112.5$（万元）；

业主应支付给承包商的工程进度款：$180 \times (1 - 3\%) - 112.5 - 10.5 = 51.6$（万元）。

⑦12 月份：

应扣工程预付款：$120 \times 62.5\% = 75$（万元）；

业主应支付给承包商的工程进度款：$120 \times (1 - 3\%) - 75 - 5.5 = 35.9$（万元）。

问题 4：

竣工结算时，业主应支付给承包商的竣工结算款：$180 \times 5\% = 9$（万元）。

本章小结

工程变更是指施工合同履行过程中出现与签订合同时的预计条件不一致的情况，而需要改变原定施工承包范围内的某些工作内容。工程索赔是指合同当事人一方因对方未履行或不能正确履行合同规定的义务而遭受损失时，可向对方提出索赔。工程变更与索赔是影响工程价款结算的重要因素。

工程结算是反映工程进度的主要指标；工程结算是加速资金周转的重要环节；工程结算是考核经济效益的重要指标。工程结算编制中涉及的工程单价应按合同要求分别采用综合单价或供料单价。

我国现行工程价款结算根据不同情况，可采用多种方式，包括竣工后一次结算、按月结算、按年结算等。索赔的依据主要有合同条文、法律、法规、工程建设惯例等。

课后习题

一、单项选择题

1. 某工程实施过程中，发现工程量清单漏项，而合同对此没有约定，则作为结束依据的相应综合单价应由（　　）

　A. 承包人提出，建筑师确认　　　　　　B. 建筑师提出，发包人确认

　C. 发包人提出，建筑师确认　　　　　　D. 承包人提出，发包人确认

2. 确定工程预付款的支付额度时，应考虑的主要因素是（　　）。

　A. 工期与施工方法　　　　　　　　　　B. 施工方法与施工组织措施

　C. 工期与合同价款　　　　　　　　　　D. 合同价款与施工组织措施

3. 工程预付款起扣点计算公式 $T = P - M/N$ 中，T 代表（　　）。

　A. 起扣点　　　　　　　　　　　　　　B. 承包工程合同总额

C. 工程预付款数额　　　　　　　　D. 主要材料构件所占比重

4. 某埋管沟槽开挖分项工程，计日工每工日工资标准 30 元。在开挖过程中，由于业主原因造成承包商 8 人窝工 5 天，承包商原因造成 5 人窝工 10 天，由此承包商提出的人工索赔为(　　)。

　　A.1 200 元　　　　B.1 500 元　　　　C.0 元　　　　D.2 700 元

5. 根据《建设工程施工合同(示范文本)》，对于实施工程预付款的建设工程项目，工程预付的支付时间不迟于约定的开工工期前(　　)天。

　　A.7　　　　　　B.14　　　　　　C.28　　　　　　D.30

6. 某工程工期为 3 个月，承包合同价款为 90 万元，工程结算适宜采用(　　)的方式。

　　A. 按月结算　　B. 竣工后一次结算　　C. 分段结算　　D. 分部结算

7. 施工项目实施过程中，承包工程价款的结算可以根据不同情况采取多种方式，其中主要的结算方法有(　　)等。

　　A. 竣工后一次结算　　B. 分部结算　　　　C. 分段结算　　　　D. 分项结算

8. 某工程由于设计变更，工程师签发了停工一个月的暂停工令，承包商可索赔的材料费是(　　)。

　　A. 原材料价　　　B. 材料损耗费　　　C. 价格上涨费　　　D. 材料运输费

9. 索赔的主要依据有(　　)。

　　A. 合同文件　　　B. 法律、法规　　　C. 施工进度计划

　　D. 工程建设惯例　　E. 施工记录

10. 索赔的成立应该同时具备三个前提条件，以下不是必须具备的是(　　)。

　　A. 与合同对照，事件已造成了承包人工程项目成本的额外支出或直接工期损失

　　B. 天气季节性变化

　　C. 造成费用增加或工期损失的原因，按合同约定不属于承包人的行为责任或风险责任

　　D. 承包人按照合同规定的程序和时间提交索赔意向和索赔报告

二、计算题

某施工合同约定，施工现场主导施工机械一台，由施工企业租得，台班单价为 300 元/台班，租赁费为 100 元/台班，人工工资为 40 元/工日，窝工补贴为 10 元/工日，以人工费为基数的综合费率为 35%，在施工过程中，发生了如下事件：

(1)出现异常恶劣天气导致工程停工两天，人员窝工 30 个工日；

(2)因恶劣天气导致场外道路中断抢修道路用工 20 个工日；

(3)场外大面积停电，停工两天，人员窝工 10 个工日。

为此，施工企业可向业主索赔费用为多少？

附　录
物流园土建工程计量与计价实例

_____物流园土建_____工程

招标工程量清单

投　标　人：_____

（单位盖章）

造价咨询人：_____

（单位盖章）

年　　月　　日

封-1

_____物流园土建_____工程

招标工程量清单

招 标 人：_____　　造价咨询人：_____
　　　　　　　（单位盖章）　　　　　　　　　　　　　　（单位资质专用章）

法定代表人　　　　　　　　　　　　　　法定代表人
或其授权人：_____　　或其授权人：_____
　　　　　　　（签字或盖章）　　　　　　　　　　　　　（签字或盖章）

编 制 人：_____　　复 核 人：_____
　　　　　（造价人员签字盖专用章）　　　　　　　（造价工程师签字盖专用章）

编制时间：　　年　月　日　　复核时间：　　年　月　日

分部分项工程和单价措施项目清单与计价表

工程名称:物流园土建工程　　　　　标段:物流园—商贸城　　　　　第 1 页　共 16 页

序号	项目编码	项目名称	项目特征描述	计量单位	工程量	金额(元)		
						综合单价	合价	其中暂估价
A.1	土石方工程							
1	010101001001	平整场地	1.土壤类别:三、四类土; 2.建筑物场地厚度土≤300 mm 的挖、填、运、找平	m²	6 364.93			
2	010101002001	挖一般土方	1.土壤类别:三、四类土; 2.开挖方式:机械平基开挖装车; 3.场内转运:施工单位自行考虑	m³	16 650			
3	010102001002	挖一般石方	1.岩石类别:软质岩; 2.开挖方式:机械平基开挖装车; 3.场内转运:施工单位自行考虑	m³	10 175			
4	010102001001	挖一般石方	1.岩石类别:软质岩; 2.开挖方式:机械平基开挖装车; 3.场内转运:施工单位自行考虑	m³	10 175			
5	010101003001	挖沟槽、基坑土方	1.土壤类别:三、四类土; 2.挖土深度:2 m 以内; 3.开挖方式:小挖机基槽开挖、装车; 4.场内转运:施工单位自行考虑; 5.工程量按 13 清单规范计算	m³	1 740			
6	010102002001	挖沟槽、基坑石方	1.岩石类别:坚石; 2.开凿深度:2 m 以内; 3.开挖方式:小挖机基槽破碎开挖、装车; 4.场内转运:施工单位自行考虑; 5.工程量按 13 清单规范计算	m³	2 610			
7	010103001002	回填方	1.密实度要求:达到设计要求、机械回填; 2.填方材料品种:土石回填基槽、紧方; 3.填方来源、运距:施工单位自行考虑	m³	1 100			
8	010103001003	回填方	1.密实度要求:达到设计要求、机械回填; 2.填方材料品种:土石回填大基坑、紧方; 3.填方来源、运距:施工单位自行考虑	m³	4 625			
			本页小计					

注:为记取规费等的使用,可在表中增设"其中:定额人工费"。

表-08

分部分项工程和单价措施项目清单与计价表

工程名称:物流园土建工程　　　　标段:物流园—商贸城　　　　第 2 页　共 16 页

序号	项目编码	项目名称	项目特征描述	计量单位	工程量	金额(元)		
						综合单价	合价	其中
								暂估价
9	010103001004	回填方	1.密实度要求:达到设计要求、机械回填; 2.填方材料品种:级配碎石回填、紧方; 3.填方来源、运距:施工单位自行考虑	m³	3 520			
10	010103002001	余方弃置	1.废弃料品种:机械外运土方; 2.运距:4 km	m³	13 776			
11	010103002002	余方弃置	1.废弃料品种:机械外运土方; 2.运距:4 km	m³	24 101			
12	010302004001	挖孔桩土方	1.土壤类别:三、四类土; 2.挖土深度:≤8 m、孔径≤1.2 m; 3.开挖方式:人工开挖、挖掘机装车; 4.场内转运:施工单位自行考虑	m³	114.1			
13	010302004002	挖孔桩土方	1.土壤类别:三、四类土; 2.挖土深度:≤12 m、孔径≤1.2 m; 3.开挖方式:人工开挖、挖掘机装车; 4.场内转运:施工单位自行考虑	m³	114.1			
14	010302004003	挖孔桩土方	1.土壤类别:三、四类土; 2.挖土深度:≤16 m、孔径≤1.2 m; 3.开挖方式:人工开挖、挖掘机装车; 4.场内转运:施工单位自行考虑	m³	570.5			
15	010302004004	挖孔桩土方	1.土壤类别:三、四类土; 2.挖土深度:≤20 m、孔径≤1.2 m; 3.开挖方式:人工开挖、挖掘机装车; 4.场内转运:施工单位自行考虑	m³	228.2			
			本页小计					

注:为记取规费等的使用,可在表中增设"其中:定额人工费"。

表-08

分部分项工程和单价措施项目清单与计价表

序号	项目编码	项目名称	项目特征描述	计量单位	工程量	金额(元)		
						综合单价	合价	其中
								暂估价
16	010302004005	挖孔桩土方	1.土壤类别:三、四类土; 2.挖土深度:≤30 m、孔径≤1.2 m; 3.开挖方式:人工开挖、挖掘机装车; 4.场内转运:施工单位自行考虑	m³	114.1			
17	010302004006	挖孔桩石方	1.土壤类别:软质岩; 2.挖石深度:≤8 m; 3.开挖方式:人工开挖、挖掘机装车; 4.场内转运:施工单位自行考虑	m³	17.115			
18	010302004007	挖孔桩石方	1.土壤类别:软质岩; 2.挖石深度:≤12 m; 3.开挖方式:人工开挖、挖掘机装车; 4.场内转运:施工单位自行考虑	m³	17.115			
19	010302004008	挖孔桩石方	1.土壤类别:软质岩; 2.挖石深度:≤16 m; 3.开挖方式:人工开挖、挖掘机装车; 4.场内转运:施工单位自行考虑	m³	85.575			
20	010302004009	挖孔桩石方	1.土壤类别:软质岩; 2.挖石深度:≤20 m; 3.开挖方式:人工开挖、挖掘机装车; 4.场内转运:施工单位自行考虑	m³	17.115			
21	010302004010	挖孔桩石方	1.土壤类别:软质岩; 2.挖石深度:≤30 m; 3.开挖方式:人工开挖、挖掘机装车; 4.场内转运:施工单位自行考虑	m³	17.115			
22	010302004011	挖孔桩石方	1.土壤类别:硬质岩; 2.挖石深度:≤8 m; 3.开挖方式:人工开挖、挖掘机装车; 4.场内转运:施工单位自行考虑	m³	39.935			
			本页小计					

注:为记取规费等的使用,可在表中增设"其中:定额人工费"。

表-08

分部分项工程和单价措施项目清单与计价表

工程名称:物流园土建工程　　　　　　　标段:物流园—商贸城　　　　　　　第 4 页　共 16 页

序号	项目编码	项目名称	项目特征描述	计量单位	工程量	金额(元)		
						综合单价	合价	其中
								暂估价
23	010302004012	挖孔桩石方	1.土壤类别:硬质岩; 2.挖石深度:≤12 m; 3.开挖方式:人工开挖、挖掘机装车; 4.场内转运:施工单位自行考虑	m³	39.935			
24	010302004013	挖孔桩石方	1.土壤类别:硬质岩; 2.挖石深度:≤16 m; 3.开挖方式:人工开挖、挖掘机装车; 4.场内转运:施工单位自行考虑	m³	199.675			
25	010302004014	挖孔桩石方	1.土壤类别:硬质岩; 2.挖石深度:≤20 m; 3.开挖方式:人工开挖、挖掘机装车; 4.场内转运:施工单位自行考虑	m³	39.935			
26	010302004015	挖孔桩石方	1.土壤类别:硬质岩; 2.挖石深度:≤30 m; 3.开挖方式:人工开挖、挖掘机装车; 4.场内转运:施工单位自行考虑	m³	39.935			
	A.4	砌筑工程						
27	010402001002	砌块墙	1.砌块品种、规格、强度等级:蒸压加气混凝土砌块、强度 A5.0、容重≤700 kg/m³; 2.墙体类型:填充墙; 3.砂浆强度等级:现拌 M5 水泥砂浆砌	m³	1 089.37			
28	010402001003	砌块墙	1.砌块品种、规格、强度等级:蒸压加气混凝土砌块、强度 A3.0、容重≤700 kg/m³; 2.墙体类型:填充墙; 3.砂浆强度等级:现拌 M5 水泥砂浆砌	m³	3 374.24			
29	010401003002	实心砖墙	1.砖品种、规格、强度等级:混凝土实心砖、强度 MU15、容重≤2 000 kg/m³; 2.墙体类型:实心墙; 3.砂浆强度等级:现拌 M5 水泥砂浆砌	m³	290.44			
			本页小计					

注:为记取规费等的使用,可在表中增设"其中:定额人工费"。

表-08

195

分部分项工程和单价措施项目清单与计价表

工程名称:物流园土建工程　　　　　　标段:物流园—商贸城　　　　　　第 5 页　共 16 页

序号	项目编码	项目名称	项目特征描述	计量单位	工程量	综合单价	合价	暂估价
						金额(元)		其中
	A.5	混凝土及钢筋混凝土工程						
30	010501001001	基础垫层	1.混凝土种类:商品混凝土; 2.混凝土强度等级:C15	m³	203			
31	010501003001	独立基础	1.混凝土种类:商品泵送混凝土; 2.混凝土强度等级:C30	m³	83.4			
32	010501002001	带形基础	1.混凝土种类:商品泵送混凝土; 2.混凝土强度等级:C30	m³	72.02			
33	010302005002	人工挖孔灌注桩	1.混凝土种类:商品混凝土; 2.混凝土强度等级:C30护臂	m³	588			
34	010302005001	人工挖孔灌注桩	1.混凝土种类:商品泵送混凝土; 2.混凝土强度等级:C30、填芯	m³	1 480			
35	010503001001	矩形基础梁	1.混凝土种类:商品泵送混凝土; 2.混凝土强度等级:C30	m³	606.66			
36	010501004001	满堂基础	1.混凝土种类:商品泵送混凝土; 2.混凝土强度等级:C30	m³	395.037 5			
37	010504001002	直形墙	1.混凝土种类:商品泵送混凝土; 2.混凝土强度等级:C30	m³	186.36			
38	010504002001	弧形墙	1.混凝土种类:商品泵送混凝土; 2.混凝土强度等级:C30	m³	14.89			
39	010502001012	矩形柱	1.混凝土种类:商品泵送混凝土; 2.混凝土强度等级:C30	m³	355.7			
40	010502001010	矩形柱	1.混凝土种类:商品泵送混凝土; 2.混凝土强度等级:C40	m³	530			
41	010502003001	异形柱-圆形	1.混凝土种类:商品泵送混凝土; 2.混凝土强度等级:C40	m³	26.25			
			本页小计					

注:为记取规费等的使用,可在表中增设"其中:定额人工费"。

表-08

分部分项工程和单价措施项目清单与计价表

工程名称:物流园土建工程　　　　　　标段:物流园—商贸城　　　　　第 6 页　共 16 页

序号	项目编码	项目名称	项目特征描述	计量单位	工程量	综合单价	合价	其中 暂估价
42	010503002002	矩形梁	1.混凝土种类:商品泵送混凝土; 2.混凝土强度等级:C30	m³	1 489.19			
43	010503006001	弧形、拱形梁	1.混凝土种类:商品泵送混凝土; 2.混凝土强度等级:C30	m³	189.65			
44	010505001014	有梁板	1.混凝土种类:商品泵送混凝土; 2.混凝土强度等级:C30	m³	3 126.3			
45	010505003001	平板	1.混凝土种类:商品泵送混凝土; 2.混凝土强度等级:C30	m³	70.37			
46	010505010001	其他板—斜板	1.混凝土种类:商品泵送混凝土; 2.混凝土强度等级:C30	m³	56.58			
47	010505008001	雨棚板	1.混凝土种类:商品混凝土; 2.混凝土强度等级:C30	m³	0.18			
48	010506001002	直形楼梯	1.混凝土种类:商品泵送混凝土; 2.混凝土强度等级:C30	m²	1 001.37			
49	010506002001	弧形楼梯	1.混凝土种类:商品泵送混凝土; 2.混凝土强度等级:C30	m²	36.52			
50	010502002001	构造柱	1.混凝土种类:商品混凝土; 2.混凝土强度等级:C25	m³	410.33			
51	010503005001	过梁	1.混凝土种类:商品混凝土; 2.混凝土强度等级:C25	m³	31			
52	010503004001	圈梁	1.混凝土种类:商品混凝土; 2.混凝土强度等级:C25	m³	58.37			
53	010507007001	其他构件(厨、卫、外墙与室外混凝土板交接位置翻边、栏杆翻边)	1.混凝土种类:商品混凝土; 2.混凝土强度等级:C20	m³	139.814			
54	010515001008	现浇构件钢筋	钢筋种类、规格:HRB400、Φ10 以内、箍筋	t	154.85			
55	010515001009	现浇构件钢筋	1.钢筋种类、规格:HRB400、Φ10 以外、箍筋	t	22.77			
			本页小计					

注:为记取规费等的使用,可在表中增设"其中:定额人工费"。

表-08

分部分项工程和单价措施项目清单与计价表

工程名称:物流园土建工程 标段:物流园—商贸城 第 7 页 共 16 页

序号	项目编码	项目名称	项目特征描述	计量单位	工程量	金额(元)		
						综合单价	合价	其中 暂估价
56	010515001010	现浇构件钢筋	1. 钢筋种类、规格:HRB400、Φ10 以内	t	207.12			
57	010515001012	现浇构件钢筋	1. 钢筋种类、规格:HRB400、Φ18 以内	t	156.87			
58	010515001011	现浇构件钢筋	1. 钢筋种类、规格:HRB400、Φ25 以内	t	365.3			
59	010515001013	现浇构件钢筋	1. 钢筋种类、规格:HRB400、Φ40 以内	t	1.14			
60	010515001014	现浇构件钢筋	1. 钢筋种类、规格:HRB400 砌体加固钢筋	t	15.339			
61	010516003002	机械连接	1. 电渣压力焊接 Φ16～Φ18 规格	个	4 037			
62	010516003003	机械连接	1. 电渣压力焊接头 钢筋直径≤32 mm	个	4 399			
63	010515004001	钢筋笼	1. 钢筋种类、规格:HRB400	t	52.5			
	A.6	金属结构工程						
64	010607005001	砌块墙钢丝网加固	1. 不同材料墙体交接处铺设抗裂镀锌钢丝网或玻纤网格布,并与各基体间每边搭接宽度 >150 mm。	m²	1 045.36			
65	010601001001	钢网架	1. 钢材品种、规格:热轧无缝钢管(GB3087); 2. 网架节点形式、连接方式:螺栓球; 3. 网架跨度、安装高度:跨度 35.2 m、高度 17.85 m; 4. 探伤要求:施工单位自行考虑; 5. 防火要求:耐火极限≥1.5 h、防火涂料应满足 CECS24 的要求; 6. 防腐要求:机械喷砂时除锈应达到 Sa2.5 级、刷环氧富锌底漆两遍、环氧云铁中间漆一遍,干漆膜厚度应≥150 μm	t	63.291			
66	010606002001	钢檩条	1. 钢材品种、规格:Q235B; 2. 探伤要求:施工单位自行考虑; 3. 防腐要求:机械喷砂时除锈应达到 Sa2.5 级、刷环氧富锌底漆两遍、环氧云铁中间漆一遍,干漆膜厚度应≥150 μm; 4. 防火要求:耐火极限≥1.5 h、防火涂料应满足 CECS24 的要求	t	15.84			
			本页小计					

注:为记取规费等的使用,可在表中增设"其中:定额人工费"。

表-08

分部分项工程和单价措施项目清单与计价表

序号	项目编码	项目名称	项目特征描述	计量单位	工程量	金额(元)		
						综合单价	合价	其中
								暂估价
67	010516002001	预埋铁件	1. 钢材种类:Q235B; 2. 规格:详图	t	0.3			
68	010601001002	钢网架	1. 钢材品种、规格:热浸镀锌冷弯薄壁方管或矩管 Q235B; 2. 网架节点形式、连接方式:焊接; 3. 网架跨度、安装高度:跨度 36 m、高度 6.8 m; 4. 探伤要求:施工单位自行考虑; 5. 防火要求:耐火极限≥1.5 h,防火涂料应满足 CECS24 的要求; 6. 防腐要求:机械喷砂时除锈应达到 Sa2.5 级、刷环氧富锌底漆两遍、环氧云铁中间漆一遍,干漆膜厚度应≥150 μm	t	36.09			
69	011303001001	采光天棚	1. 钢材品种、规格:Q235B、热镀锌; 2. 探伤要求:施工单位自行考虑; 3. 防腐要求:环氧富锌底漆两遍 + 氯化橡胶面漆两遍,节点部位加厚20 ~ 40 mm,保证漆膜总厚度不小于150 μm; 4. 玻璃采用8 +1.52PVP + 8 双钢化夹胶镀膜玻璃	m²	398			
	A.8	门窗工程						
			本页小计					

注:为记取规费等的使用,可在表中增设"其中:定额人工费"。

表-08

199

分部分项工程和单价措施项目清单与计价表

工程名称:物流园土建工程　　　　　　　标段:物流园—商贸城　　　　　

序号	项目编码	项目名称	项目特征描述	计量单位	工程量	金额(元)		
						综合单价	合价	其中 暂估价
70	010807001005	铝合金窗	1.框、扇材质:铝合金、壁厚1.4 mm; 2.玻璃品种、厚度:6 mm中透光Low-E+12A+6; 3.开启方式:平开窗	m²	50.25			
71	010807001006	铝合金窗	1.防火窗; 2.达到设计防火等级	m²	6.57			
72	010801002001	木质门带套	1.门代号及洞口尺寸:详设计图门窗表; 2.门材质:实木免漆成品门、款式业主设计认可; 3.带小五金及门把手、含门套; 4.部位:除酒店木门的其他木门	m²	262.19			
73	010801002003	木质门带套	1.门代号及洞口尺寸:详设计图门窗表; 2.门材质:实木免漆成品门、款式业主设计认可; 3.带小五金及门把手、含门套; 4.部位:酒店木门	m²	220.5			
74	010801002002	钢化玻璃门	1.门代号及洞口尺寸:详设计图门窗表; 2.门材质:钢化玻璃门成品门、款式业主设计认可; 3.带小五金及门把手、含门套	m²	47.97			
75	010802003002	防火门	1.乙级防火门(木制); 2.含闭门器门锁、把手等五金小件; 3.专业厂家制作安装	m²	145.44			
76	010802003005	防火门	1.甲级防火门(木制); 2.含闭门器门锁、把手等五金小件; 3.专业厂家制作安装	m²	15.12			
77	010802003003	防火门	1.丙级防火门(木制); 2.含闭门器门锁、把手等五金小件; 3.专业厂家制作安装	m²	91.98			
78	010802003004	防火门	1.甲级防火门(钢制); 2.含闭门器门锁、把手等五金小件; 3.专业厂家制作安装	m²	10.08			
			本页小计					

注:为记取规费等的使用,可在表中增设"其中:定额人工费"。

表-08

分部分项工程和单价措施项目清单与计价表

工程名称:物流园土建工程　　　　　标段:物流园—商贸城　　　　　第 10 页　共 16 页

序号	项目编码	项目名称	项目特征描述	计量单位	工程量	金额(元)			
						综合单价	合价	其中	
								暂估价	
	A.9	屋面及防水工程							
79	010901002001	型材屋面	1. 直立锁边 0.9 mm 厚 PVDF-65/430 型铝镁锰板; 2. T 形铝合金固定座,ST5.5 镀锌螺钉; 3. 100 mm 保温棉,下贴防潮铝箔,容重 16 kg/m³; 4. 屋面主次龙骨另计; 5. 0.5 mm 冲孔压型彩钢板 HV820; 6. 支托、屋面网架另计	m²	1 728				
80	010902001002	不上人保温屋面	1.结构层(掺 5% JX-1 型防水剂); 2.陶粒混凝土找坡,最薄处 30 mm; 3. 20 mm 厚 1:3 水泥砂浆找平层; 4. 刷底胶剂一道(材性同上); 5. 4.0 mm 厚 ARC-701 (711)聚合物改性沥青; 6. 20 mm 厚 1:3 水泥砂浆保护层; 7. 3.0 mm 厚 PMB-741 高聚物改性沥青防水卷材; 8. 20 mm 厚 1:3 水泥砂浆保护层; 9. 30 mm 厚无机保温砂浆; 10. 40 mm 厚挤塑聚苯板; 11. 隔离层:无纺聚酯纤维布一层; 12. 保护层:30 mm 厚 200 mm×200 mm 混凝土块材; 屋面泛水,详西南 11J201-26-3	m²	1 731.08				
81	010902001003	上人保温屋面	1.结构层(掺 5% JX-1 型防水剂); 2.陶粒混凝土找坡,最薄处 30 mm; 3. 20 mm 厚 1:3 水泥砂浆找平层; 4. 刷底胶剂一道(材性同上); 5. 4.0 mm 厚 ARC-701 (711)聚合物改性沥青; 6. 20 mm 厚 1:3 水泥砂浆保护层; 7. 3.0 mm 厚 PMB-741 高聚物改性沥青防水卷材; 8. 20 mm 厚 1:3 水泥砂浆保护层; 9. 30 mm 厚无机保温砂浆; 10. 40 mm 厚挤塑聚苯板; 11. 隔离层:无纺聚酯纤维布一层; 12. 保护层:35 mm 厚 C20 细石混凝土。 屋面泛水,详西南 11J201-26-3	m²	3 853.66				
			本页小计						

注:为记取规费等的使用,可在表中增设"其中:定额人工费"。

表-08

201

分部分项工程和单价措施项目清单与计价表

工程名称:物流园土建工程 　　　　　标段:物流园—商贸城 　　　　　第 11 页　共 16 页

序号	项目编码	项目名称	项目特征描述	计量单位	工程量	综合单价	合价	暂估价
						金额(元)		其中
82	010902008002	屋面分格缝	1.分格缝缝宽 20 mm,用防水油膏嵌密实; 2.部位:屋面找平层、细石混凝土刚性保护层; 3.分隔缝部位附加 250 mm宽卷材防水	m	1 417			
83	010902008003	屋面变形缝	1.做法详西南 11J201-27-5	m	40			
84	070302006003	检修口出屋面	1.屋面检修孔做法详西南 11J201-56-1a	m²	1.62			
85	070302006005	风管道井出屋面	选用图集西南 11J202-38-1 1.预制 C20 细石混凝土板(圆钢直径 6 mm,间距 200 mm,双向布置); 2.洞口翻边高度 500 mm:详设计结构图大样	m²	28.39			
86	010702004002	屋面排水管	1.排水管品种、规格、品牌、颜色:Φ100UPVC 雨水管	m	116.4			
87	010904002003	楼(地)面涂膜防水	1.1.5 mm 厚 JSA-101 聚合物水泥防水涂料两道; 2.平面	m²	4 853			
88	010904002002	楼(地)面涂膜防水	1.1.5 mm 厚 JSA-101 聚合物水泥防水涂料两道; 2.立面	m²	693			
	A.11	楼地面装饰工程						
89	011101006001	地面找平层	选用图集:西南 11J312-7-3103D 1.素土夯实; 2.100 mm 厚 C10 混凝土垫层找坡表面赶光; 3.1.5 mm 厚 JSA-101 聚合物水泥防水涂料两道另计; 4.20 mm 厚1:2水泥砂浆找平	m²	9 288			
			本页小计					

注:为记取规费等的使用,可在表中增设"其中:定额人工费"。

表-08

202

分部分项工程和单价措施项目清单与计价表

工程名称:物流园土建工程　　　　　　标段:物流园—商贸城　　　　　第 12 页　共 16 页

序号	项目编码	项目名称	项目特征描述	计量单位	工程量	金额(元)		
						综合单价	合价	其中
								暂估价
90	011101006002	楼地面找平层	选用图集:西南 11J312-7-3102L 1.20 mm 厚1:2水泥砂浆找平赶光	m²	25 524.29			
	A.12	墙、柱面装饰与隔断、幕墙工程						
91	011201001017	内墙抹灰	1.基层清理; 2.7 mm 厚1:3水泥砂浆打底扫毛; 3.6 mm 厚1:3水泥砂浆垫层找平; 4.5 mm 厚1:2.5 水泥砂浆罩面感光	m²	46 844			
92	011201001014	外墙涂料	选用图集:西南 11J516-88-5302/89-5303 1.8 mm 厚1:3水泥砂浆打底; 2.8 mm 厚1:3水泥砂浆找平清扫; 3.填补裂隙麻坑; 4.刷建筑胶水溶液一道; 5.喷5～6 mm 厚喷涂聚合物水泥砂浆,分两遍成活; 6.喷甲基硅醇钠憎水剂	m²	4 285.16			
93	011201001018	外墙抹灰	1.基层清理; 2.20 mm 水泥砂浆1:3,两遍成活	m²	3 287			
94	010515003001	钢筋网片	规格:300 mm 宽范围找平层中挂网格200 mm×200 mm 的镀锌钢丝网片	t	1			
			本页小计					

注:为记取规费等的使用,可在表中增设"其中:定额人工费"。

表-08

分部分项工程和单价措施项目清单与计价表

序号	项目编码	项目名称	项目特征描述	计量单位	工程量	金额(元)		
						综合单价	合价	其中
								暂估价
	A.13	天棚工程						
95	011301001008	天棚水泥砂浆	1.基层清理; 2.刷水泥浆一道(加建筑胶适量); 3.10 mm 厚1:3水泥砂浆打底找平,两次成活; 4.3 mm 厚1:2.5 水泥砂浆找平	m²	31 856			
	A.15	其他装饰工程						
96	011503001005	楼梯玻璃栏杆-直形	选用图集:参 15J403-1-B49-C8 1.栏杆高度:12 mm 钢化夹层玻璃(栏板高度1 100 mm); 2.扶手:不锈钢钢管; 3.立柱:不锈钢	m	278.47			
97	011503001008	楼梯玻璃栏杆-弧形	选用图集:参 15J403-1-B49-C8 1.栏杆高度:12 mm 钢化夹层玻璃(栏板高度1 100 mm); 2.扶手:不锈钢钢管; 3.立柱:不锈钢	m	35.48			
98	011503001009	玻璃栏杆-直形	选用图集:参 15J403-1-D67-PC20 1.栏杆高度:12 mm 钢化夹层玻璃(栏板高度1 200 mm); 2.扶手:不锈钢钢管 + 扁钢; 3.立柱:不锈钢	m	1 645			
99	011503001010	玻璃栏杆-弧形	选用图集:参 15J403-1-D67-PC20 1.栏杆高度:12 mm 钢化夹层玻璃(栏板高度1 200 mm); 2.扶手:不锈钢钢管 + 扁钢; 3.立柱:不锈钢	m	17.25			
	C.12	散水、排水沟、室外台阶等						
100	010507001001	散水	选用图集:详西南11J812-4-2 1.20 mm 厚1:2水泥砂浆清光; 2.60 mm 厚 C15 混凝土提浆抹灰; 3.100 mm 厚碎砖(石、卵石)黏土夯实垫层; 4.素土夯实; 5.15 mm 宽1:1沥青砂浆嵌缝	m²	436			
			本页小计					

注:为记取规费等的使用,可在表中增设"其中:定额人工费"。

表-08

分部分项工程和单价措施项目清单与计价表

工程名称:物流园土建工程　　　　标段:物流园—商贸城　　　　第 14 页　共 16 页

序号	项目编码	项目名称	项目特征描述	计量单位	工程量	金额(元)			
						综合单价	合价	其中	
								暂估价	
101	010507003004	排水沟	选用图集:详西南11J812-3-2a	m	548				
102	011107002001	室外踏步、平台	选用图集:详西南11J812-7-3d 面层取消	m²	432				
	2	单价措施项目费							
103	011702001001	基础—垫层	垫层	m²	568				
104	011702001002	基础—独立基础	独立基础	m²	241.49				
105	011702001003	基础—带形基础	带形基础	m²	156.36				
106	011702001004	基础—桩壁	桩壁	m²	588				
107	011702001005	基础—基础梁	基础梁	m²	4 482				
108	011702001006	基础—满堂基础	满堂基础	m²	436.67				
109	011702011001	直形墙	混凝土高度≤4.8 m、直形	m²	1 346				
110	011702012001	弧形墙	混凝土高度≤4.8 m、弧形	m²	106				
111	011702002005	矩形柱	高度:≤3.6 m、矩形	m²	1 349.94				
112	011702002004	矩形柱	高度:≤4.8 m、矩形	m²	2 246.4				
113	011702002003	矩形柱	高度:≤6 m、矩形	m²	2 502.94				
114	011702004003	异形柱	高度:≤4.8 m、圆形	m²	63.6				
115	011702004004	异形柱	高度:≤6 m、圆形	m²	53				
116	011702006002	矩形梁	高度≤3.6 m、矩形	m²	3 062.07				
117	011702006003	矩形梁	高度≤4.8 m、矩形	m²	5 370.62				
118	011702006004	矩形梁	高度≤6 m、矩形	m²	3 671.14				
119	011702006005	矩形—斜梁	高度≤8 m、矩形	m²	91.85				
120	011702007002	异形梁	高度≤4.8 m、弧形	m²	892.29				
			本页小计						

注:为记取规费等的使用,可在表中增设"其中:定额人工费"。

表-08

分部分项工程和单价措施项目清单与计价表

序号	项目编码	项目名称	项目特征描述	计量单位	工程量	金额(元)		
						综合单价	合价	其中 暂估价
121	011702007004	异形梁	高度≤6 m、弧形	m²	444.68			
122	011702007003	异形梁	高度≤8 m、弧形	m²	138.32			
123	011702014001	有梁板	高度≤3.6 m、矩形	m²	7 175.39			
124	011702014002	有梁板	高度≤4.8 m、矩形	m²	14 536.44			
125	011702014003	有梁板	高度≤6 m、矩形	m²	8 739.8			
126	011702020001	其他板—斜板	高度≤8 m、斜板	m²	547.68			
127	011702024003	楼梯	高度≤6 m、矩形	m²	389.47			
128	011702024004	楼梯	高度≤4.5 m、矩形	m²	440.44			
129	011702024005	楼梯	高度≤3.6 m、矩形	m²	290.58			
130	011702024002	楼梯	高度≤4.5 m、弧形	m²	36.52			
131	011702003001	构造柱	构造柱	m²	4 054.16			
132	011702009001	过梁	过梁	m²	224.88			
133	011702008002	圈梁	圈梁	m²	1 208.13			
134	011702008001	其他	翻边混凝土	m²	3 375			
135	2.1			项	1			
136	011705001001	大型机械设备进出场及安拆	履带式挖掘机≤1 m³	台次	2			
137	011705001001	大型机械设备进出场及安拆	履带式挖掘机>1 m³	台次	2			
138	011705001001	大型机械设备进出场及安拆	塔式起重机及基础	台次	3			
139	011705001001	大型机械设备进出场及安拆	塔式起重机及基础	台次	3			
140	011701001005	综合脚手架	1. 檐口高20 m内; 2. 裙房1层,层高6 m	m²	6 364			
141	011701001004	综合脚手架	1. 檐口高20 m内; 2. 裙房2~3层,层高4.5 m	m²	14 353			
142	011701001003	综合脚手架	1. 檐口高20 m内; 2. 塔楼4—7层,层高3.6 m	m²	5 012			
143	011703001001	垂直运输	1. 结构、建筑20 m内; 2. 裙房1层,层高6 m	m²	6 364			
			本页小计					

注:为记取规费等的使用,可在表中增设"其中:定额人工费"。

表-08

分部分项工程和单价措施项目清单与计价表

工程名称:物流园土建工程　　　　　　标段:物流园—商贸城　　　　　　第 16 页　共 16 页

序号	项目编码	项目名称	项目特征描述	计量单位	工程量	综合单价	合价	其中 暂估价
144	011703001001	垂直运输	1.结构、建筑20 m内; 2.裙房 2—3 层,层高 4.5 m	m²	14 353			
145	011703001001	垂直运输	1.结构、建筑30 m内; 2.塔楼 4—7 层,层高 3.6 m	m²	5 012			
			本页小计					
			合　计					

注:为记取规费等的使用,可在表中增设"其中:定额人工费"。

表-08

207

总价措施项目清单与计价表

工程名称:物流园土建工程　　　　　　标段:物流园—商贸城　　　　　　第 1 页　共 1 页

序号	项目编码	项目名称	计算基础	费率（%）	金额（元）	调整费率(%)	调整后金额(元)	备　注
1	1.1	安全文明施工费						1.1.1 + 1.1.2 + 1.1.3 + 1.1.4
2	1.1.1	环境保护费	分部分项人工预算价 + 单价措施人工预算价	0.75				分部分项人工预算价 + 单价措施人工预算价
3	1.1.2	文明施工费	分部分项人工预算价 + 单价措施人工预算价	3.35				分部分项人工预算价 + 单价措施人工预算价
4	1.1.3	安全施工费	分部分项人工预算价 + 单价措施人工预算价	5.8				分部分项人工预算价 + 单价措施人工预算价
5	1.1.4	临时设施费	分部分项人工预算价 + 单价措施人工预算价	4.46				分部分项人工预算价 + 单价措施人工预算价
6	1.2	夜间和非夜间施工增加费	分部分项人工预算价 + 单价措施人工预算价	0.77				分部分项人工预算价 + 单价措施人工预算价
7	1.3	二次搬运费	分部分项人工预算价 + 单价措施人工预算价	0.95				分部分项人工预算价 + 单价措施人工预算价
8	1.4	冬雨季施工增加费	分部分项人工预算价 + 单价措施人工预算价	0.47				分部分项人工预算价 + 单价措施人工预算价
9	1.5	工程及设备保护费	分部分项人工预算价 + 单价措施人工预算价	0.43				分部分项人工预算价 + 单价措施人工预算价
10	1.6	工程定位复测费	分部分项人工预算价 + 单价措施人工预算价	0.19				分部分项人工预算价 + 单价措施人工预算价
合　计								

编制人(造价人员):　　　　　　　　　　　　　　　　　　　　复核人(造价工程师):

注:1. "计算基础"中安全文明施工费可为"定额基价""定额人工费"或"定额人工费 + 定额机械费",其他项目可为"定额人工费"或"定额人工费 + 定额机械费"。

2. 按施工方案计算的措施费,若无"计算基础"和"费率"的数值,也可只填"金额"数值,但应在备注栏说明施工方案出处或计算方法。

表-11

其他项目清单与计价汇总表

工程名称:物流园土建工程　　　　　　　　标段:物流园—商贸城　　　　第 1 页　共 1 页

序号	项目名称	金额(元)	结算金额(元)	备　注
1	暂列金额			明细详见表-12-1
2	暂估价	14 290 000		
2.1	材料(工程设备)暂估价			明细详见表-12-2
2.2	专业工程暂估价	14 290 000		明细详见表-12-3
3	计日工			明细详见表-12-4
4	总承包服务费			明细详见表-12-5
5	索赔与现场签证			明细详见表-12-6
	合　计	14 290 000		

注:材料(工程设备)暂估单价进入清单项目综合单价,此处不汇总。

表-12

专业工程暂估价及结算价表

工程名称:物流园土建工程　　　　　标段:物流园—商贸城　　　第 1 页　共 1 页

序号	工程名称	工程内容	暂估金额(元)	结算金额(元)	差额 ±(元)	备注
1	石材幕墙详二次设计	暂估	3 200 000			5 500 m²
2	玻璃幕墙详二次设计	暂估	10 000 000			7 800 m²
3	厨房设备详二次设计	暂估	700 000			
4	玻璃雨棚详二次设计	暂估	320 000			450 m²
5	室外钢楼梯	暂估	70 000			
合　计			14 290 000			

注:此表由招标人填写,投标人应将上述专业工程暂估价计入投标总价中。

表-12-3

规费、税金项目计价表

工程名称:物流园土建工程　　　　　　　　标段:物流园—商贸城　　　　　第 1 页　共 1 页

序号	项目名称	计算基础	计算基数	计算费率(%)	金额(元)
1	规　费	社会保障费(养老保险费、失业保险费、医疗保险费、工伤保险费、生育保险费)＋住房公积金＋工程排污费			
1.1	社会保障费(养老保险费、失业保险费、医疗保险费、工伤保险费、生育保险费)	分部分项人工预算价＋单价措施人工预算价		33.65	
1.2	住房公积金	分部分项人工预算价＋单价措施人工预算价		5.82	
1.3	工程排污费				
2	增值税	税前工程造价		11	

编制人(造价人员):　　　　　　　　　　　　　　　　　　复核人(造价工程师):

表-13

_____物流园土建_____工程

投标总价

投　标　人：_____

（单位盖章）

年　　月　　日

封-3

贵州省建设工程造价计价软件测评合格编号 GZ01-31-2016-RJ01-01

投 标 总 价

招 标 人：_____

工 程 名 称：物流园土建工程_____

投标总价(小写)：60 022 835.15_____

（大写）：陆仟零贰万贰仟捌佰叁拾伍元壹角伍分_____

投 标 人：_____
（单位盖章）

法定代表人
或其授权人：_____
（签字或盖章）

编 制 人：_____
（造价人员签字盖专用章）

时 间： 年 月 日

单位工程投标报价汇总表

工程名称:物流园土建工程　　　　　标段:物流园—商贸城　　　第 1 页　共 1 页

序 号	汇总内容	金额(元)	其中:暂估价(元)
1	分部分项工程费合计	27 389 229.93	
1.1	A.1 土石方工程	3 388 558.59	
1.2	A.4 砌筑工程	2 073 871.3	
1.3	A.5 混凝土及钢筋混凝土工程	11 178 988.21	
1.4	A.6 金属结构工程	2 271 147.4	
1.5	A.8 门窗工程	332 572.2	
1.6	A.9 屋面及防水工程	2 963 105.76	
1.7	A.11 楼地面装饰工程	1 040 671.78	
1.8	A.12 墙、柱面装饰与隔断、幕墙工程	1 940 108.33	
1.9	A.13 天棚工程	924 779.68	
1.10	A.15 其他装饰工程	1 108 283.76	
1.11	C.12 散水、排水沟、室外台阶等	167 142.92	
2	措施项目费	8 827 435.24	
2.1	其中:安全文明施工费	1 298 097.83	
3	其他项目费	14 290 000	
3.1	暂列金额		
3.2	专业工程暂估价	14 290 000	
3.3	计日工		
3.4	总承包服务费		
4	规费	3 567 961.09	
5	税前工程造价	54 074 626.26	
6	增值税	5 948 208.89	
投标报价合计 = 1 + 2 + 3 + 4 + 6		60 022 835.15	

注:本表适用于单位工程招标控制价或投标报价的汇总,如无单位工程划分,单项工程也使用本表汇总。

表-04

分部分项工程和单价措施项目清单与计价表

工程名称:物流园土建工程　　　　　　标段:物流园—商贸城　　　　　　第 1 页　共 15 页

序号	项目编码	项目名称	项目特征描述	计量单位	工程量	金额(元)		其中 暂估价
						综合单价	合　价	
	A.1	土石方工程						3 388 558.59
1	010101001001	平整场地	1.土壤类别:三、四类土; 2.建筑物场地厚度土≤300 mm 的挖、填、运、找平	m²	6 364.93	1.3	8 274.41	
2	010101002001	挖一般土方	1.土壤类别:三、四类土; 2.开挖方式:机械平基开挖装车; 3.场内转运:施工单位自行考虑	m³	16 650	4	66 600	
3	010102001002	挖一般石方	1.岩石类别:软质岩; 2.开挖方式:机械平基开挖装车; 3.场内转运:施工单位自行考虑	m³	10 175	51.37	522 689.75	
4	010102001001	挖一般石方	1.岩石类别:软质岩; 2.开挖方式:机械平基开挖装车; 3.场内转运:施工单位自行考虑	m³	10 175	75.78	771 061.5	
5	010101003001	挖沟槽、基坑土方	1.土壤类别:三、四类土; 2.挖土深度:2 m以内; 3.开挖方式:小挖机基槽开挖、装车; 4.场内转运:施工单位自行考虑; 5.工程量按 13 清单规范计算	m³	1 740	6.04	10 509.6	
6	010102002001	挖沟槽、基坑石方	1.岩石类别:坚石; 2.开凿深度:2 m以内; 3.开挖方式:小挖机基槽破碎开挖、装车; 4.场内转运:施工单位自行考虑; 5.工程量按 13 清单规范计算	m³	2 610	79.9	208 539	
7	010103001002	回填方	1.密实度要求:达到设计要求、机械回填; 2.填方材料品种:土石回填基槽、紧方; 3.填方来源、运距:施工单位自行考虑	m³	1 100	16.9	18 590	
8	010103001003	回填方	1.密实度要求:达到设计要求、机械回填; 2.填方材料品种:土石回填大基坑、紧方; 3.填方来源、运距:施工单位自行考虑	m³	4 625	4.93	22 801.25	
			本页小计				1 629 065.51	

注:为记取规费等的使用,可在表中增设"其中:定额人工费"。

表-08

分部分项工程和单价措施项目清单与计价表

序号	项目编码	项目名称	项目特征描述	计量单位	工程量	金额(元)		其 中
						综合单价	合 价	暂估价
9	010103001004	回填方	1. 密实度要求:达到设计要求、机械回填; 2. 填方材料品种:级配碎石回填、紧方; 3. 填方来源、运距:施工单位自行考虑	m³	3 520	123.85	435 952	
10	010103002001	余方弃置	1. 废弃料品种:机械外运土方; 2. 运距:4 km	m³	13 776	15.91	219 176.16	
11	010103002002	余方弃置	1. 废弃料品种:机械外运土方; 2. 运距:4 km	m³	24 101	25.59	616 744.59	
12	010302004001	挖孔桩土方	1. 土壤类别:三、四类土 2. 挖土深度:≤8 m、孔径≤1.2 m; 3. 开挖方式:人工开挖、挖掘机装车; 4. 场内转运:施工单位自行考虑	m³	114.1	152.81	17 435.62	
13	010302004002	挖孔桩土方	1. 土壤类别:三、四类土; 2. 挖土深度:≤12 m、孔径≤1.2 m; 3. 开挖方式:人工开挖、挖掘机装车; 4. 场内转运:施工单位自行考虑	m³	114.1	183.09	20 890.57	
14	010302004003	挖孔桩土方	1. 土壤类别:三、四类土; 2. 挖土深度:≤16 m、孔径≤1.2 m; 3. 开挖方式:人工开挖、挖掘机装车; 4. 场内转运:施工单位自行考虑	m³	570.5	212.98	121 505.09	
15	010302004004	挖孔桩土方	1. 土壤类别:三、四类土 2. 挖土深度:≤20 m、孔径≤1.2 m; 3. 开挖方式:人工开挖、挖掘机装车; 4. 场内转运:施工单位自行考虑	m³	228.2	242.7	55 384.14	
			本页小计				1487 088.17	

注:为记取规费等的使用,可在表中增设"其中:定额人工费"。

表-08

分部分项工程和单价措施项目清单与计价表

工程名称:物流园土建工程　　　　　标段:物流园—商贸城　　　　第 3 页　共 15 页

序号	项目编码	项目名称	项目特征描述	计量单位	工程量	金额(元)		
						综合单价	合　价	其　中
								暂估价
16	010302004005	挖孔桩土方	1. 土壤类别:三、四类土; 2. 挖土深度:≤30 m、孔径≤1.2 m; 3. 开挖方式:人工开挖、挖掘机装车; 4. 场内转运:施工单位自行考虑	m³	114.1	290.72	33 171.15	
17	010302004006	挖孔桩石方	1. 土壤类别:软质岩; 2. 挖石深度:≤8 m; 3. 开挖方式:人工开挖、挖掘机装车; 4. 场内转运:施工单位自行考虑	m³	17.115	219.15	3 750.75	
18	010302004007	挖孔桩石方	1. 土壤类别:软质岩; 2. 挖石深度:≤12 m; 3. 开挖方式:人工开挖、挖掘机装车; 4. 场内转运:施工单位自行考虑	m³	17.115	263.9	4 516.65	
19	010302004008	挖孔桩石方	1. 土壤类别:软质岩; 2. 挖石深度:≤16 m; 3. 开挖方式:人工开挖、挖掘机装车; 4. 场内转运:施工单位自行考虑	m³	85.575	307.99	26 356.24	
20	010302004009	挖孔桩石方	1. 土壤类别:软质岩; 2. 挖石深度:≤20 m; 3. 开挖方式:人工开挖、挖掘机装车; 4. 场内转运:施工单位自行考虑	m³	17.115	351.76	6 020.37	
21	010302004010	挖孔桩石方	1. 土壤类别:软质岩; 2. 挖石深度:≤30 m; 3. 开挖方式:人工开挖、挖掘机装车; 4. 场内转运:施工单位自行考虑	m³	17.115	421.2	7 208.84	
22	010302004011	挖孔桩石方	1. 土壤类别:硬质岩; 2. 挖石深度:≤8 m; 3. 开挖方式:人工开挖、挖掘机装车; 4. 场内转运:施工单位自行考虑	m³	39.935	374.63	14 960.85	
23	010302004012	挖孔桩石方	1. 土壤类别:硬质岩; 2. 挖石深度:≤12 m; 3. 开挖方式:人工开挖、挖掘机装车; 4. 场内转运:施工单位自行考虑	m³	39.935	451.86	18 045.03	
			本页小计				114 029.88	

注:为记取规费等的使用,可在表中增设"其中:定额人工费"。

表-08

分部分项工程和单价措施项目清单与计价表

工程名称:物流园土建工程　　　　　标段:物流园—商贸城　　　　　

序号	项目编码	项目名称	项目特征描述	计量单位	工程量	金额(元)		
						综合单价	合　价	其　中 暂估价
24	010302004013	挖孔桩石方	1. 土壤类别:硬质岩; 2. 挖石深度:≤16 m; 3. 开挖方式:人工开挖、挖掘机装车; 4. 场内转运:施工单位自行考虑	m³	199.675	527.86	105 400.45	
25	010302004014	挖孔桩石方	1. 土壤类别:硬质岩; 2. 挖石深度:≤20 m; 3. 开挖方式:人工开挖、挖掘机装车; 4. 场内转运:施工单位自行考虑	m³	39.935	603.37	24 095.58	
26	010302004015	挖孔桩石方	1. 土壤类别:硬质岩; 2. 挖石深度:≤30 m; 3. 开挖方式:人工开挖、挖掘机装车; 4. 场内转运:施工单位自行考虑	m³	39.935	723.15	28 879	
	A.4	砌筑工程					2 073 871.3	
27	010402001002	砌块墙	1. 砌块品种、规格、强度等级:蒸压加气混凝土砌块、强度 A5.0、容重≤700 kg/m³; 2. 墙体类型:填充墙; 3. 砂浆强度等级:现拌 M5 水泥砂浆砌	m³	1 089.37	434.28	473 091.6	
28	010402001003	砌块墙	1. 砌块品种、规格、强度等级:蒸压加气混凝土砌块、强度 A3.0、容重≤700 kg/m³; 2. 墙体类型:填充墙; 3. 砂浆强度等级:现拌 M5 水泥砂浆砌	m³	3 374.24	434.28	1 465 364.95	
29	010401003002	实心砖墙	1. 砖品种、规格、强度等级:混凝土实心砖、强度 MU15、容重≤2 000 kg/m³; 2. 墙体类型:实心墙; 3. 砂浆强度等级:现拌 M5 水泥砂浆砌	m³	290.44	466.24	135 414.75	
			本页小计				2 232 246.33	

注:为记取规费等的使用,可在表中增设"其中:定额人工费"。

表-08

分部分项工程和单价措施项目清单与计价表

工程名称:物流园土建工程　　　　　　标段:物流园—商贸城　　　　　第 5 页 共 15 页

序号	项目编码	项目名称	项目特征描述	计量单位	工程量	金额(元)			
						综合单价	合 价	其 中	
								暂估价	
	A.5	混凝土及钢筋混凝土工程					11 178 988.21		
30	010501001001	基础垫层	1.混凝土种类:商品混凝土; 2.混凝土强度等级:C15	m³	203	398.94	80 984.82		
31	010501003001	独立基础	1.混凝土种类:商品泵送混凝土; 2.混凝土强度等级:C30	m³	83.4	522.86	43 606.52		
32	010501002001	带形基础	1.混凝土种类:商品泵送混凝土; 2.混凝土强度等级:C30	m³	72.02	533.46	38 419.79		
33	010302005002	人工挖孔灌注桩	1.混凝土种类:商品混凝土; 2.混凝土强度等级:C30 护臂	m³	588	760.8	447 350.4		
34	010302005001	人工挖孔灌注桩	1.混凝土种类:商品泵送混凝土; 2.混凝土强度等级:C30、填芯	m³	1 480	540.76	800 324.8		
35	010503001001	矩形基础梁	1.混凝土种类:商品泵送混凝土; 2.混凝土强度等级:C30	m³	606.66	527.8	320 195.15		
36	010501004001	满堂基础	1.混凝土种类:商品泵送混凝土; 2.混凝土强度等级:C30	m³	395.037 5	518.69	204 902		
37	010504001002	直形墙	1.混凝土种类:商品泵送混凝土; 2.混凝土强度等级:C30	m³	186.36	546.39	101 825.24		
38	010504002001	弧形墙	1.混凝土种类:商品泵送混凝土; 2.混凝土强度等级:C30	m³	14.89	546.5	8 137.39		
39	010502001012	矩形柱	1.混凝土种类:商品泵送混凝土; 2.混凝土强度等级:C30	m³	355.7	600.17	213 480.47		
40	010502001010	矩形柱	1.混凝土种类:商品泵送混凝土; 2.混凝土强度等级:C40	m³	530	680.97	360 914.1		
41	010502003001	异形柱-圆形	1.混凝土种类:商品泵送混凝土; 2.混凝土强度等级:C40	m³	26.25	690.61	18 128.51		
42	010503002002	矩形梁	1.混凝土种类:商品泵送混凝土; 2.混凝土强度等级:C30	m³	1 489.19	529.41	788 392.08		
			本页小计				3 426 661.27		

注:为记取规费等的使用,可在表中增设"其中:定额人工费"。

表-08

219

分部分项工程和单价措施项目清单与计价表

工程名称:物流园土建工程　　　　标段:物流园—商贸城　　　　第 6 页　共 15 页

| 序号 | 项目编码 | 项目名称 | 项目特征描述 | 计量单位 | 工程量 | 金额(元) | | 其中 |
						综合单价	合　价	暂估价
43	010503006001	弧形、拱形梁	1. 混凝土种类:商品泵送混凝土; 2. 混凝土强度等级:C30	m³	189.65	567.44	107 615	
44	010505001014	有梁板	1. 混凝土种类:商品泵送混凝土; 2. 混凝土强度等级:C30	m³	3 126.3	531.99	1 663 160.34	
45	010505003001	平板	1. 混凝土种类:商品泵送混凝土; 2. 混凝土强度等级:C30	m³	70.37	542.5	38 175.73	
46	010505010001	其他板-斜板	1. 混凝土种类:商品泵送混凝土; 2. 混凝土强度等级:C30	m³	56.58	550.41	31 142.2	
47	010505008001	雨棚板	1. 混凝土种类:商品混凝土; 2. 混凝土强度等级:C30	m³	0.18	527.94	95.03	
48	010506001002	直形楼梯	1. 混凝土种类:商品泵送混凝土; 2. 混凝土强度等级:C30	m²	1 001.37	112.3	112 453.85	
49	010506002001	弧形楼梯	1. 混凝土种类:商品泵送混凝土; 2. 混凝土强度等级:C30	m²	36.52	133.41	4 872.13	
50	010502002001	构造柱	1. 混凝土种类:商品混凝土; 2. 混凝土强度等级:C25	m³	410.33	587.29	240 982.71	
51	010503005001	过梁	1. 混凝土种类:商品混凝土; 2. 混凝土强度等级:C25	m³	31	558.22	17 304.82	
52	010503004001	圈梁	1. 混凝土种类:商品混凝土; 2. 混凝土强度等级:C25	m³	58.37	530.12	30 943.1	
53	010507007001	其他构件(厨、卫、外墙与室外混凝土板交接位置翻边、栏杆翻边)	1. 混凝土种类:商品混凝土; 2. 混凝土强度等级:C20	m³	139.814	530.12	74 118.2	
54	010515001008	现浇构件钢筋	钢筋种类、规格:HRB400、Φ10 以内、箍筋	t	154.85	6 682.78	1 034 828.48	
55	010515001009	现浇构件钢筋	钢筋种类、规格:HRB400、Φ10 以外、箍筋	t	22.77	5 593.38	127 361.26	
56	010515001010	现浇构件钢筋	钢筋种类、规格:HRB400、Φ10 以内	t	207.12	5 454.78	1 129 794.03	
			本页小计				4 612 846.88	

注:为记取规费等的使用,可在表中增设"其中:定额人工费"。

表-08

分部分项工程和单价措施项目清单与计价表

工程名称:物流园土建工程　　　　　　标段:物流园—商贸城　　　　　　第 7 页　共 15 页

序号	项目编码	项目名称	项目特征描述	计量单位	工程量	综合单价	合　价	暂估价
						金额(元)		其　中
57	010515001012	现浇构件钢筋	1. 钢筋种类、规格:HRB400、Φ18 以内	t	156.87	5 349.62	839 194.89	
58	010515001011	现浇构件钢筋	1. 钢筋种类、规格:HRB400、Φ25 以内	t	365.3	4 967.75	1 814 719.08	
59	010515001013	现浇构件钢筋	1. 钢筋种类、规格:HRB400、Φ40 以内	t	1.14	4 751.8	5 417.05	
60	010515001014	现浇构件钢筋	1. 钢筋种类、规格:HRB400 砌体加固钢筋	t	15.339	8 065.16	123 711.49	
61	010516003002	机械连接	1. 电渣压力焊接Φ16 至 Φ18 规格	个	4 037	5.6	22 607.2	
62	010516003003	机械连接	1. 电渣压力焊接头钢筋直径≤32 mm	个	4 399	12.25	53 887.75	
63	010515004001	钢筋笼	1. 钢筋种类、规格:HRB400	t	52.5	5 332.24	279 942.6	
	A.6	金属结构工程					2 271 147.4	
64	010607005001	砌块墙钢丝网加固	1. 不同材料墙体交接处铺设抗裂镀锌钢丝网或玻纤网格布,并与各基体间每边搭接宽度大于 150 mm	m²	1 045.36	17.72	18 523.78	
65	010601001001	钢网架	1. 钢材品种、规格:热轧无缝钢管(GB 3087); 2. 网架节点形式、连接方式:螺栓球; 3. 网架跨度、安装高度:跨度 35.2 m、高度 17.85 m; 4. 探伤要求:施工单位自行考虑; 5. 防火要求:耐火极限≥1.5 h、防火涂料应满足 CECS24 的要求; 6. 防腐要求:机械喷砂时除锈应达到 Sa 2.5 级、刷环氧富锌底漆两遍、环氧云铁中间漆一遍。干漆膜厚度应≥150 μm	t	63.291	18 861.79	1 193 781.55	
66	010606002001	钢檩条	1. 钢材品种、规格:Q235B; 2. 探伤要求:施工单位自行考虑; 3. 防腐要求:机械喷砂时除锈应达到 Sa 2.5 级、刷环氧富锌底漆两遍、环氧云铁中间漆一遍。干漆膜厚度应≥150 μm; 4. 防火要求:耐火极限≥1.5 h、防火涂料应满足 CECS24 的要求	t	15.84	12 835.97	203 321.76	
			本页小计				4 555 107.15	

注:为记取规费等的使用,可在表中增设"其中:定额人工费"。

表-08

221

分部分项工程和单价措施项目清单与计价表

工程名称:物流园土建工程　　　　　　标段:物流园—商贸城　　　　　　第 8 页　共 15 页

序号	项目编码	项目名称	项目特征描述	计量单位	工程量	综合单价	合价	其中 暂估价
67	010516002001	预埋铁件	1. 钢材种类:Q235B; 2. 规格:详图	t	0.3			
68	010601001002	钢网架	1. 钢材品种、规格:热浸镀锌冷弯薄壁方管或矩管 Q235B; 2. 网架节点形式、连接方式:焊接; 3. 网架跨度、安装高度:跨度 36 m、高度 6.8 m; 4. 探伤要求:施工单位自行考虑; 5. 防火要求:耐火极限≥1.5 h、防火涂料应满足 CECS24 的要求; 6. 防腐要求:机械喷砂时除锈应达到 Sa2.5 级、刷环氧富锌底漆两遍、环氧云铁中间漆一遍。干漆膜厚度应≥150 μm	t	36.09	17 597.23	635 084.03	
69	011303001001	采光天棚	1. 钢材品种、规格:Q235B、热镀锌; 2. 探伤要求:施工单位自行考虑; 3. 防腐要求:环氧富锌底漆两遍 + 氯化橡胶面漆两遍,节点部位加厚 20~40 mm,保证漆膜总厚度不小于150 μm; 4. 玻璃采用 8 + 1.52 PVP + 8 双钢化夹胶镀膜玻璃	m²	398	553.86	220 436.28	
	A.8	门窗工程					332 572.2	
70	010807001005	铝合金窗	1. 框、扇材质:铝合金、壁厚 1.4 mm; 2. 玻璃品种、厚度:6 mm 中透光 Low-E + 12A + 6 mm; 3. 开启方式:平开窗	m²	50.25	301.87	15 168.97	
			本页小计				870 689.28	

注:为记取规费等的使用,可在表中增设"其中:定额人工费"。

表-08

分部分项工程和单价措施项目清单与计价表

工程名称:物流园土建工程　　　　　标段:物流园—商贸城　　　

序号	项目编码	项目名称	项目特征描述	计量单位	工程量	综合单价	合　价	其　中 暂估价
71	010807001006	铝合金窗	1.防火窗; 2.达到设计防火等级	m²	6.57	301.87	1 983.29	
72	010801002001	木质门带套	1.门代号及洞口尺寸:详设计图门窗表; 2.门材质:实木免漆成品门、款式业主设计认可; 3.带小五金及门把手、含门套; 4.部位:除酒店木门的其他木门	m²	262.19	363.36	95 269.36	
73	010801002003	木质门带套	1.门代号及洞口尺寸:详设计图门窗表; 2.门材质:实木免漆成品门、款式业主设计认可; 3.带小五金及门把手、含门套; 4.部位:酒店木门	m²	220.5	464.83	102 495.02	
74	010801002002	钢化玻璃门	1.门代号及洞口尺寸:详设计图门窗表; 2.门材质:钢化玻璃门成品门、款式业主设计认可; 3.带小五金及门把手、含门套	m²	47.97	426.78	20 472.64	
75	010802003002	防火门	1.乙级防火门(木制); 2.含闭门器门锁、把手等五金小件; 3.专业厂家制作安装	m²	145.44	411.2	59 804.93	
76	010802003005	防火门	1.甲级防火门(木制); 2.含闭门器门锁、把手等五金小件; 3.专业厂家制作安装	m²	15.12	358.89	5 426.42	
77	010802003003	防火门	1.丙级防火门(木制); 2.含闭门器门锁、把手等五金小件; 3.专业厂家制作安装	m²	91.98	286.39	26 342.15	
78	010802003004	防火门	1.甲级防火门(钢制); 2.含闭门器门锁、把手等五金小件; 3.专业厂家制作安装	m²	10.08	556.49	5 609.42	
	A.9	屋面及防水工程					2 963 105.76	
79	010901002001	型材屋面	1.直立锁边0.9 mm厚PVDF-65/430型铝镁锰板; 2.T形铝合金固定座,ST5.5镀锌螺钉; 3.100 mm保温棉,下贴防潮铝箔,容重16 kg/m³; 4.屋面主次龙骨另计; 5.0.5 mm冲孔压型彩钢板HV820; 6.支托、屋面网架另计	m²	1 728	344.68	595 607.04	
			本页小计				913 010.27	

注:为记取规费等的使用,可在表中增设"其中:定额人工费"。

表-08

分部分项工程和单价措施项目清单与计价表

工程名称:物流园土建工程　　　　　　标段:物流园—商贸城　　　　　第 10 页　共 15 页

序号	项目编码	项目名称	项目特征描述	计量单位	工程量	金额(元)		其中
						综合单价	合价	暂估价
80	010902001002	不上人保温屋面	1.结构层(掺5% JX-1型防水剂); 2.陶粒混凝土找坡,最薄处30 mm; 3.20 mm厚1:3水泥砂浆找平层; 4.刷底胶剂一道(材性同上); 5.4.0 mm厚 ARC-701(711)聚合物改性沥青; 6.20 mm厚1:3水泥砂浆保护层; 7.3.0 mm厚 PMB-741高聚物改性沥青防水卷材; 8.20 mm厚1:3水泥砂浆保护层; 9.30 mm厚无机保温砂浆; 10.40 mm厚挤塑聚苯板; 11.隔离层:无纺聚酯纤维布一层; 12.保护层:30 mm厚200 mm×200 mm混凝土块材; 屋面泛水,详西南11J201-26-3	m²	1 731.08	347.52	601 584.92	
81	010902001003	上人保温屋面	1.结构层。(掺5% JX-1型防水剂); 2.陶粒混凝土找坡,最薄处30 mm; 3.20 mm厚1:3水泥砂浆找平层; 4.刷底胶剂一道(材性同上); 5.4.0 mm厚 ARC-701(711)聚合物改性沥青; 6.20 mm厚1:3水泥砂浆保护层; 7.3.0 mm厚 PMB-741高聚物改性沥青防水卷材; 8.20 mm厚1:3水泥砂浆保护层; 9.30 mm厚无机保温砂浆; 10.40 mm厚挤塑聚苯板; 11.隔离层:无纺聚酯纤维布一层; 12.保护层:35 mm厚C20细石混凝土; 屋面泛水,详西南11J201-26-3	m²	3 853.66	374.68	1 443 889.33	
			本页小计				2 045 474.25	

注:为记取规费等的使用,可在表中增设"其中:定额人工费"。

表-08

224

分部分项工程和单价措施项目清单与计价表

工程名称:物流园土建工程　　　　　　　标段:物流园—商贸城　　　　　第 11 页 共 15 页

序号	项目编码	项目名称	项目特征描述	计量单位	工程量	金额(元)		
						综合单价	合 价	其 中 暂估价
82	010902008002	屋面分格缝	1. 分格缝缝宽 20 mm,用防水油膏嵌密实; 2. 部位:屋面找平层、细石混凝土刚性保护层; 3. 分隔缝部位附加250 mm宽卷材防水	m	1 417	27.08	38 372.36	
83	010902008003	屋面变形缝	做法详西南 11J201-27-5	m	40	186.6	7 464	
84	070302006003	检修口出屋面	屋面检修孔做法详西南 11J201-56-1a	m²	1.62	200	324	
85	070302006005	风管道井出屋面	选用图集西南 11J202-38-1 1. 预制 C20 细石混凝土板(圆钢直径 6 mm,间距 200 mm,双向布置); 2. 洞口翻边高度 500 mm;详设计结构图大样	m²	28.39	127.81	3 628.53	
86	010702004002	屋面排水管	1. 排水管品种、规格、品牌、颜色:Φ100UPVC 雨水管	m	116.4	39.16	4 558.22	
87	010904002003	楼(地)面涂膜防水	1. 1.5 mm 厚 JSA-101聚合物水泥防水涂料两道; 2. 平面	m²	4 853	48.1	233 429.3	
88	010904002002	楼(地)面涂膜防水	1. 1.5 mm 厚 JSA-101聚合物水泥防水涂料两道; 2. 立面	m²	693	49.42	34 248.06	
	A.11	楼地面装饰工程					1 040 671.78	
89	011101006001	地面找平层	选用图集:西南 11J312-7-3103D 1. 素土夯实; 2. 100 mm 厚 C10 混凝土垫层找坡表面赶光; 3. 1.5 mm 厚 JSA-101 聚合物水泥防水涂料两道另计; 4. 20 mm 厚 1:2 水泥砂浆找平	m²	9 288	57.66	535 546.08	
			本页小计				857 570.55	

注:为记取规费等的使用,可在表中增设"其中:定额人工费"。

表-08

225

分部分项工程和单价措施项目清单与计价表

工程名称:物流园土建工程　　　　　标段:物流园—商贸城　　　　　第 12 页　共 15 页

序号	项目编码	项目名称	项目特征描述	计量单位	工程量	金额(元)		其中
						综合单价	合　价	暂估价
90	011101006002	楼地面找平层	选用图集:西南 11J312-7-3102L 1.20 mm 厚 1:2 水泥砂浆找平赶光	m²	25 524.29	19.79	505 125.7	
	A.12	墙、柱面装饰与隔断、幕墙工程					1 940 108.33	
91	011201001017	内墙抹灰	1.基层清理; 2.7 mm 厚 1:3 水泥砂浆打底扫毛; 3.6 mm 厚 1:3 水泥砂浆垫层找平; 4.5 mm 厚 1:2.5 水泥砂浆罩面感光	m²	46 844	31.21	1 462 001.24	
92	011201001014	外墙涂料	选用图集:西南 11J516-88-5302/89-5303 1.8 mm 厚 1:3 水泥砂浆打底; 2.8 mm 厚 1:3 水泥砂浆找平清扫; 3.填补裂隙麻坑; 4.刷建筑胶水溶液一道; 5.喷 5~6 mm 厚喷涂聚合物水泥砂浆;分两遍成活; 6.喷甲基硅醇钠憎水剂	m²	4 285.16	74.33	318 515.94	
93	011201001018	外墙抹灰	1.基层清理; 2.20 mm 水泥砂浆 1:3,两遍成活	m²	3 287	31.21	102 587.27	
94	010515003001	钢筋网片	规格:300 mm 宽范围找平层中挂网格 200 mm × 200 mm 的镀锌钢丝网片	t	1	57 003.88	57 003.88	
	A.13	天棚工程					924 779.68	
95	011301001008	天棚水泥砂浆	1.基层清理; 2.刷水泥浆一道(加建筑胶适量); 3.10 mm 厚 1:3 水泥砂浆打底找平,两次成活; 4.3 mm 厚 1:2.5 水泥砂浆找平	m²	31 856	29.03	924 779.68	
			本页小计				3 370 013.71	

注:为记取规费等的使用,可在表中增设"其中:定额人工费"。

表-08

分部分项工程和单价措施项目清单与计价表

工程名称:物流园土建工程　　　　　　　标段:物流园—商贸城　　　　　　　第 13 页　共 15 页

序号	项目编码	项目名称	项目特征描述	计量单位	工程量	金额(元)		
						综合单价	合 价	其 中 暂估价
	A.15	其他装饰工程					1 108 283.76	
96	011503001005	楼梯玻璃栏杆-直形	选用图集:参15J403-1-B49-C8 1.栏杆高度:12 mm 钢化夹层玻璃(栏板高度1 100 mm); 2.扶手:不锈钢钢管; 3.立柱:不锈钢	m	278.47	525.92	146 452.94	
97	011503001008	楼梯玻璃栏杆-弧形	选用图集:参15J403-1-B49-C8 1.栏杆高度:12 mm 钢化夹层玻璃(栏板高度1 100 mm); 2.扶手:不锈钢钢管; 3.立柱:不锈钢	m	35.48	533.37	18 923.97	
98	011503001009	玻璃栏杆-直形	选用图集:参15J403-1-D67-PC20 1.栏杆高度:12 mm 钢化夹层玻璃(栏板高度1 200 mm); 2.扶手:不锈钢钢管＋扁钢; 3.立柱:不锈钢	m	1 645	567.17	932 994.65	
99	011503001010	玻璃栏杆-弧形	选用图集:参15J403-1-D67-PC20 1.栏杆高度:12 mm 钢化夹层玻璃(栏板高度1 200 mm); 2.扶手:不锈钢钢管＋扁钢; 3.立柱:不锈钢	m	17.25	574.62	9 912.2	
	C.12	散水、排水沟、室外台阶等					167 142.92	
100	010507001001	散水	选用图集:详西南11J812-4-2 1.20 mm 厚1:2水泥砂浆清光; 2.60 mm 厚 C15 混凝土提浆抹灰; 3.100 mm 厚碎砖(石、卵石)黏土夯实垫层; 4.素土夯实; 5.15 mm 宽1:1沥青砂浆嵌缝	m²	436	82.5	35 970	
			本页小计				1 144 253.76	

注:为记取规费等的使用,可在表中增设"其中:定额人工费"。

表-08

227

分部分项工程和单价措施项目清单与计价表

工程名称:物流园土建工程　　　　　　标段:物流园—商贸城　　　　　第 14 页　共 15 页

序号	项目编码	项目名称	项目特征描述	计量单位	工程量	金额(元)		其中
						综合单价	合价	暂估价
101	010507003004	排水沟	选用图集:详西南11J 812-3-2a	m	548	106.03	58 104.44	
102	011107002001	室外踏步、平台	选用图集:详西南 11J812-7-3d 面层取消	m²	432	169.14	73 068.48	
	2	单价措施项目费					7 275 322.44	
103	011702001001	基础-垫层	垫层	m²	568	382.14	217 055.52	
104	011702001002	基础-独立基础	独立基础	m²	241.49	49.43	11 936.85	
105	011702001003	基础-带形基础	带形基础	m²	156.36	47.48	7 423.97	
106	011702001004	基础-桩壁	桩壁	m²	588	49.98	29 388.24	
107	011702001005	基础-基础梁	基础梁	m²	4 482	47.64	213 522.48	
108	011702001006	基础-满堂基础	满堂基础	m²	436.67	39.87	17 410.03	
109	011702011001	直形墙	混凝土高度≤4.8 m、直形	m²	1 346	60.83	81 877.18	
110	011702012001	弧形墙	混凝土高度≤4.8 m、弧形	m²	106	69.19	7 334.14	
111	011702002005	矩形柱	高度:≤3.6 m、矩形	m²	1 349.94	57.82	78 053.53	
112	011702002004	矩形柱	高度:≤4.8 m、矩形	m²	2 246.4	68.03	152 822.59	
113	011702002003	矩形柱	高度:≤6 m、矩形	m²	2 502.94	73.16	183 115.09	
114	011702004003	异形柱	高度:≤4.8 m、圆形	m²	63.6	117.89	7 497.8	
115	011702004004	异形柱	高度:≤6 m、圆形	m²	53	123.01	6 519.53	
116	011702006002	矩形梁	高度≤3.6 m、矩形	m²	3 062.07	50.48	154 573.29	
117	011702006003	矩形梁	高度≤4.8 m、矩形	m²	5 370.62	61.34	329 433.83	
118	011702006004	矩形梁	高度≤6 m、矩形	m²	3 671.14	66.78	245 158.73	
119	011702006005	矩形-斜梁	高度≤8 m、矩形	m²	91.85	77.65	7 132.15	
120	011702007002	异形梁	高度≤4.8 m、弧形	m²	892.29	121.25	108 190.16	
121	011702007004	异形梁	高度≤6 m、弧形	m²	444.68	126.69	56 336.51	
122	011702007003	异形梁	高度≤8 m、弧形	m²	138.32	137.56	19 027.3	
123	011702014001	有梁板	高度≤3.6 m、矩形	m²	7 175.39	54.07	387 973.34	
124	011702014002	有梁板	高度≤4.8 m、矩形	m²	14 536.44	65.04	945 450.06	
125	011702014003	有梁板	高度≤6 m、矩形	m²	8 739.8	70.52	616 330.7	
126	011702020001	其他板-斜板	高度≤8 m、斜板	m²	547.68	80.39	44 028	
			本页小计				4 058 763.94	

注:为记取规费等的使用,可在表中增设"其中:定额人工费"。

表-08

分部分项工程和单价措施项目清单与计价表

工程名称:物流园土建工程 　　　　　　标段:物流园—商贸城 　　　　第 15 页　共 15 页

序号	项目编码	项目名称	项目特征描述	计量单位	工程量	金额(元)		
						综合单价	合 价	其 中 暂估价
127	011702024003	楼梯	高度≤6 m、矩形	m²	389.47	141.5	55 110.01	
128	011702024004	楼梯	高度≤4.5 m、矩形	m²	440.44	141.5	62 322.26	
129	011702024005	楼梯	高度≤3.6 m、矩形	m²	290.58	141.5	41 117.07	
130	011702024002	楼梯	高度≤4.5 m、弧形	m²	36.52	154.16	5 629.92	
131	011702003001	构造柱	构造柱	m²	4 054.16	62.08	251 682.25	
132	011702009001	过梁	过梁	m²	224.88	74.89	16 841.26	
133	011702008002	圈梁	圈梁	m²	1 208.13	56.44	68 186.86	
134	011702008001	其他	翻边混凝土	m²	3 375	56.44	190 485	
135	2.1			项	1			
136	011705001001	大型机械设备进出场及安拆	履带式挖掘机≤1 m³	台次	2	4 878.02	9 756.04	
137	011705001001	大型机械设备进出场及安拆	履带式挖掘机>1 m³	台次	2	5 322.87	10 645.74	
138	011705001001	大型机械设备进出场及安拆	塔式起重机及基础	台次	3	92 654.66	277 963.98	
139	011705001001	大型机械设备进出场及安拆	塔式起重机及基础	台次	3	92 654.66	277 963.98	
140	011701001005	综合脚手架	1.檐口高20 m内; 2.裙房1层,层高6 m	m²	6 364	64.02	407 423.28	
141	011701001004	综合脚手架	1.檐口高20 m内; 2.裙房2—3层,层高4.5 m	m²	14 353	46.15	662 390.95	
142	011701001003	综合脚手架	1.檐口高20 m内; 2.塔楼4—7层,层高3.6 m	m²	5 012	50.33	252 253.96	
143	011703001001	垂直运输	1.结构、建筑20 m内; 2.裙房1层,层高6 m	m²	6 364	22.57	143 635.48	
144	011703001001	垂直运输	1.结构、建筑20 m内; 2.裙房2—3层,层高4.5 m	m²	14 353	35.66	511 827.98	
145	011703001001	垂直运输	1.结构、建筑30 m内; 2.塔楼4—7层,层高3.6 m	m²	5 012	20.45	102 495.4	
		本页小计					3 347 731.42	
		合　　计					34 664 552.37	

注:为记取规费等的使用,可在表中增设"其中:定额人工费"。

表-08

229

总价措施项目清单与计价表

工程名称:物流园土建工程　　　　　标段:物流园—商贸城　　　　　第 1 页　共 1 页

序号	项目编码	项目名称	计算基础	费率（%）	金额（元）	调整费率(%)	调整后金额(元)	备　注
1	1.1	安全文明施工费			1 298 097.83			1.1.1+1.1.2+1.1.3+1.1.4
2	1.1.1	环境保护费	分部分项人工预算价+单价措施人工预算价	0.75	67 797.59			分部分项人工预算价+单价措施人工预算价
3	1.1.2	文明施工费	分部分项人工预算价+单价措施人工预算价	3.35	302 829.23			分部分项人工预算价+单价措施人工预算价
4	1.1.3	安全施工费	分部分项人工预算价+单价措施人工预算价	5.8	524 301.35			分部分项人工预算价+单价措施人工预算价
5	1.1.4	临时设施费	分部分项人工预算价+单价措施人工预算价	4.46	403 169.66			分部分项人工预算价+单价措施人工预算价
6	1.2	夜间和非夜间施工增加费	分部分项人工预算价+单价措施人工预算价	0.77	69 605.52			分部分项人工预算价+单价措施人工预算价
7	1.3	二次搬运费	分部分项人工预算价+单价措施人工预算价	0.95	85 876.95			分部分项人工预算价+单价措施人工预算价
8	1.4	冬雨季施工增加费	分部分项人工预算价+单价措施人工预算价	0.47	42 486.49			分部分项人工预算价+单价措施人工预算价
9	1.5	工程及设备保护费	分部分项人工预算价+单价措施人工预算价	0.43	38 870.62			分部分项人工预算价+单价措施人工预算价
10	1.6	工程定位复测费	分部分项人工预算价+单价措施人工预算价	0.19	17 175.39			分部分项人工预算价+单价措施人工预算价
合　计					552 112.8			

编制人(造价人员)：　　　　　　　　　　　　　　　复核人(造价工程师)：

注:1. "计算基础"中安全文明施工费可为"定额基价""定额人工费"或"定额人工费+定额机械费"，其他项目可为"定额人工费"或"定额人工费+定额机械费"。

　　2. 按施工方案计算的措施费，若无"计算基础"和"费率"的数值，也可只填"金额"数值，但应在备注栏说明施工方案出处或计算方法。

表-11

其他项目清单与计价汇总表

工程名称:物流园土建工程 　　　　标段:物流园—商贸城 　　　　第 1 页　共 1 页

序号	项目名称	金额(元)	结算金额(元)	备注
1	暂列金额			明细详见表-12-1
2	暂估价	14 290 000		
2.1	材料(工程设备)暂估价			明细详见表-12-2
2.2	专业工程暂估价	14 290 000		明细详见表-12-3
3	计日工			明细详见表-12-4
4	总承包服务费			明细详见表-12-5
5	索赔与现场签证			明细详见表-12-6
	合　计	14 290 000		

注:材料(工程设备)暂估单价进入清单项目综合单价,此处不汇总。

表-12

专业工程暂估价及结算价表

工程名称:物流园土建工程　　　　　　　标段:物流园—商贸城　　　　第 1 页　共 1 页

序号	工程名称	工程内容	暂估金额(元)	结算金额(元)	差额±(元)	备　注
1	石材幕墙详二次设计	暂估	3 200 000			5 500 m²
2	玻璃幕墙详二次设计	暂估	10 000 000			7 800 m²
3	厨房设备详二次设计	暂估	700 000			
4	玻璃雨棚详二次设计	暂估	320 000			450 m²
5	室外钢楼梯	暂估	70 000			
	合　计		14 290 000			

注:此表由招标人填写,投标人应将上述专业工程暂估价计入投标总价中。

表-12-3

规费、税金项目计价表

工程名称:物流园土建工程　　　　　　　　标段:物流园—商贸城　　　　第 1 页　共 1 页

序号	项目名称	计算基础	计算基数	计算费率(%)	金额(元)
1	规　　费	社会保障费(养老保险费、失业保险费、医疗保险费、工伤保险费、生育保险费)＋住房公积金＋工程排污费	3 567 961.09		3 567 961.09
1.1	社会保障费(养老保险费、失业保险费、医疗保险费、工伤保险费、生育保险费)	分部分项人工预算价＋单价措施人工预算价	9 039 678.44	33.65	3 041 851.8
1.2	住房公积金	分部分项人工预算价＋单价措施人工预算价	9 039 678.44	5.82	526 109.29
1.3	工程排污费				
2	增值税	税前工程造价	54 074 626.26	11	5 948 208.89

编制人(造价人员):　　　　　　　　　　　　　　　复核人(造价工程师):

表-13

参考文献

[1] 中华人民共和国住房和城乡建设部.建设工程工程量清单计价规范:GB 50500—2013[S].北京:中国计划出版社,2013.

[2] 中华人民共和国住房和城乡建设部.房屋建筑与装饰工程工程量计算规范:GB 50854—2013[S].北京:中国计划出版社,2013.

[3] 中华人民共和国住房和城乡建设部.建筑工程建筑面积计算规范:GB/T 50353—2013[S].北京:中国计划出版社,2013.

[4] 贵州省建设工程造价管理总站.贵州省建筑与装饰工程计价定额:GZ 01-31—2016[S].贵阳:贵州人民出版社,2016.

[5] 全国造价工程师职业资格考试培训教材编审委员会.建设工程计价[M].北京:中国计划出版社,2014.

[6] 全国造价工程师职业资格考试培训教材编审委员会.建设工程造价案例分析[M].北京:中国计划出版社,2014.

[7] 王胜兰,於斌,徐静.工程量清单计价[M].广州:华南理工大学出版社,2016.

[8] 廖雯,孙璐.建筑工程计量与计价[M].西安:西安电子科技大学出版社,2013.

[9] 沈雪晶.建筑工程计量与计价[M].北京:北京邮电大学出版社,2013.